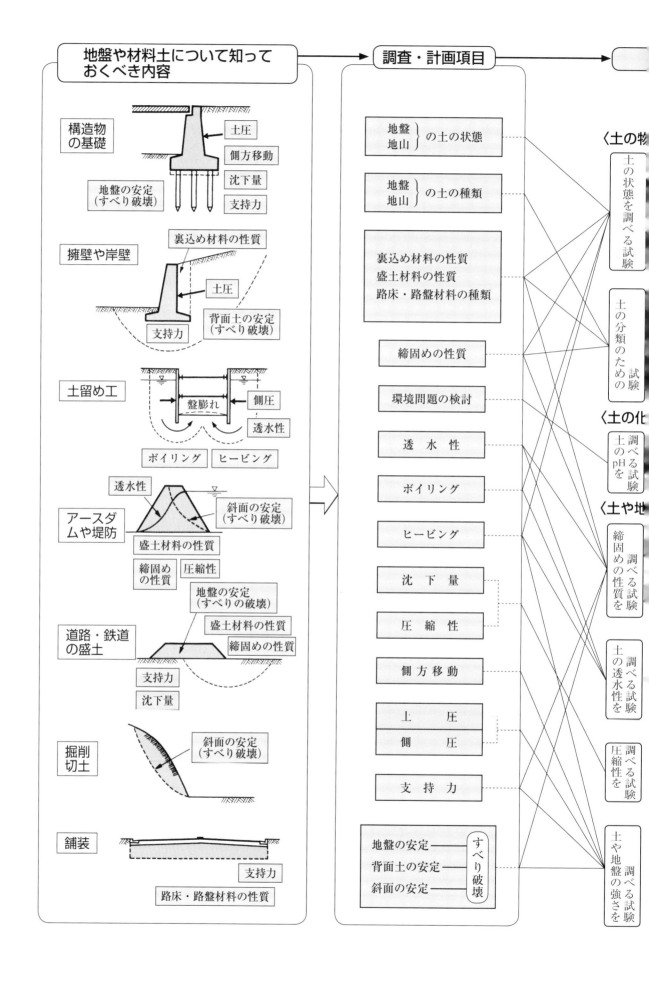

地盤や材料土について知っておくべき内容

構造物の基礎
土圧
側方移動
沈下量
支持力
地盤の安定（すべり破壊）

擁壁や岸壁
裏込め材料の性質
土圧
背面土の安定（すべり破壊）
支持力

土留め工
盤膨れ
側圧
透水性
ボイリング　ヒービング

アースダムや堤防
透水性
斜面の安定（すべり破壊）
盛土材料の性質
締固めの性質　圧縮性

道路・鉄道の盛土
地盤の安定（すべりの破壊）
盛土材料の性質
締固めの性質
支持力
沈下量

掘削切土
斜面の安定（すべり破壊）

舗装
支持力
路床・路盤材料の性質

調査・計画項目

地盤
地山 ｝の土の状態

地盤
地山 ｝の土の種類

裏込め材料の性質
盛土材料の性質
路床・路盤材料の種類

締固めの性質

環境問題の検討

透水性

ボイリング

ヒービング

沈下量

圧縮性

側方移動

上圧
側圧

支持力

地盤の安定——
背面土の安定——
斜面の安定——
｝すべり破壊

〈土の物
土の状態を調べる試験
土の分類のための試験

〈土の化
土のpHを調べる試験

〈土や地
締固めの性質を調べる試験
土の透水性を調べる試験
圧縮性を調べる試験
土や地盤の強さを調べる試験

室 内 土 質 試 験

試験の目的	実施する試験	求められる値		試料の状態	試験法の説明

〈を求める試験〉

土の状態を表わす諸量を求め，土の状態を判断

土の含水比試験 (JIS A 1203)	含 水 比	w	乱した試料	p. 11
土粒子の密度試験 (JIS A 1202)	土粒子の密度	ρ_s	乱した試料	p. 15
土の湿潤密度試験 (JIS A 1225)	湿潤密度 / 乾燥密度	ρ_t / ρ_d	乱さない試料	p. 21

土の工学的な分類と判別 工学的性質の概略の推定

土の粒度試験 (JIS A 1204)	粒径加積曲線 / 有効径 / 均等係数 / 曲率係数	D_{10} / U_c / U'_c	乱した試料	p. 26
土の液性限界・塑性限界試験 (JIS A 1205)	液性限界 / 塑性限界 / 塑性指数	w_L / w_p / I_p	乱した試料	p. 36

〈を求める試験〉

土の酸性・アルカリ性の程度の判定

土懸濁液の pH 試験 (JGS 0211)	土の pH 値	pH	乱した試料の懸濁液	p. 70

〈的性質を求める試験〉

土工の施工条件の決定や施工管理の基準に利用

突固めによる土の締固め試験 (JIS A 1210)	最適含水比 / 最大乾燥密度	w_{opt} / $\rho_{d\,max}$	乱した試料	p. 43

締固めた土の強さの判定 舗装の設計

CBR 試験 (JIS A 1211)	CBR 値 / 設計 CBR / 修正 CBR		乱した試料	p. 51

透水性の判定 浸透水量の計算

土の透水試験 (JIS A 1218) 定水位透水試験 変水位透水試験	透水係数	k	乱した試料 / 乱さない試料	p. 62

地盤の将来の沈下やその沈下に要する時間の推定

土の圧密試験 (JIS A 1217)	$e\text{-}\log p$ 曲線 / 圧縮指数 / 体積圧縮係数 / 圧密係数	C_c / m_v / c_v	乱さない試料	p. 75

土の力学的性質の判定 土圧や支持力などの基礎の設計や斜面の安定計算

土の一面せん断試験 (JGS 0560, 0561)	内部摩擦角 / 粘着力	ϕ / c	乱さない試料	p. 86
土の一軸圧縮試験 (JIS A 1216)	粘性土の粘着力 / 鋭敏比	c_u / S_t	乱さない試料	p. 97
土の三軸圧縮試験 (JGS 0520〜0524)	内部摩擦角 / 粘着力	ϕ / c	乱さない試料	p. 103
標準貫入試験 (JIS A 1219)	N 値		原位置試験	p. 108
スクリューウエイト貫入試験 (JIS A 1221)	W_{sw} / N_{sw}		原位置試験	p. 115

第四版

土質試験のてびき

A Guide to Soil Testing〔Fourth Edition〕

公益社団法人 土木学会

A Guide to Soil Testing

(Fourth Edition)

February, 2024

Japan Society of Civil Engineers

序　文

　本書は，2015 年刊「土質試験のてびき［第三版］」を再改訂したものであり，名称を「土質試験のてびき［第四版］」とした．地盤工学会より，土質試験関連の規格・基準をまとめた「地盤材料試験の方法と解説［第一回改訂版］」が 2020 年に発行された．この中で，本書で取り扱うほとんどの試験が改正されたこともあり，それに準じた記述の変更やデータシートを更新する必要性が生じた．まだ，［第三版］出版から 6 年ほどしか経過していなかったが，2021 年 9 月に土木学会地盤工学委員会の中に，土質試験のてびき改訂小委員会を設置して，早急に改訂作業を行うことが決定された．

　本書は，工業高校生などの初学者を主な対象として編集されている．そこで，土質試験を指導した経験のある工業高等学校，工業高等専門学校，大学の先生方や実務で土質試験を行う方々に委員に入ってもらい，情報収集に努めた．その結果，

1. 本書で取り扱う規格・基準は現行のままとする．
2. 巻末に掲載しているデータシートは，［第四版］からは削除する．
3. 本書を見ながら試験を行えるように，紙の質と製本方法を考慮する（具体的には，持ち運びのしやすさ，耐久性，開きやすさ，など）．

の方針を決定した．データシートに関しては，公益社団法人地盤工学会より WEB で無償提供されているため，その URL を掲載することとした．前回の改訂時は，工業高校生が WEB でデータシートを取得するのは難しいとの理由で，巻末にミシン目入りのデータシートを掲載して，それを 1 つの目玉とした．今回は工業高校の先生方から，WEB 取得で問題なしとの意見であり，教育現場へのインターネットの普及（特に，低学年化）を実感した．

　改訂における主な変更点は，最新の規格・基準に準拠させることである．記述内容については，新たな委員で確認を行い，さらに各章に設けた「設問」においては，これまで準備されていなかった解答についても掲載することとし，全面的な見直しを行った．試験方法の説明に当たっては図を多用して，試験の目的と方法を大筋で理解できるようにした．記述通りに実験を行えば，規格・基準を満足できるように配慮してある．各章にある「結果の利用と関連知識」においては，試験結果が実務でどのように利用されるのかを簡単に紹介してある．章によっては，実務関係の参考文献も示してあるので，さらに詳しく勉強するときの参考にして頂きたい．土質力学の理論については，ほとんどふれることができなかったが，土質力学の教科書を利用することで，実験の理解がさらに深まると思われる．本書が，工業高校生などの初学者の手引きとして多くの方に活用頂き，技術力向上の一端を担えることを小委員会一同切に願う次第である．

　なお，公益社団法人地盤工学会からは，無償でデータシート記入例の使用許可を得ました．末筆ながら，感謝の意を表します．

　2024 年 2 月

公益社団法人土木学会　地盤工学委員会
土質試験のてびき改訂小委員会
委員長　豊田　浩史

土質試験のてびき［第四版］（2023 年版）
公益社団法人土木学会　地盤工学委員会
土質試験のてびき改訂小委員会

委員長　　　　　　豊田　浩史　長岡技術科学大学大学院 環境社会基盤系

幹　事　　　　　　藤原　照幸　（一財）ＧＲＩ財団

委　員　　　　　　小澤　誠志　東京都立総合工科高等学校 建築・都市工学科

　　　　　　　　　川尻　峻三　九州工業大学大学院 工学研究院建設社会工学研究系

　　　　　　　　　重松　宏明　石川工業高等専門学校 環境都市工学科

　　　　　　　　　服部　健太　（協）関西地盤環境研究センター

　　　　　　　　　三浦　俊彦　（株）大林組技術研究所

　　　　　　　　　宮下　千花　（国研）土木研究所

　　　　　　　　　森本　浩行　京都市立京都奏和高等学校

　　　　　　　　　山下　　敦　神奈川県立横須賀工業高等学校 建設科

　　　　　　　　　渡辺　佳勝　大和ハウス工業（株）総合技術研究所 建築技術研究部

土質試験のてびき［第三版］（2014 年版）

公益社団法人土木学会　地盤工学委員会
土質試験のてびき改訂 WG

主　査	豊田　浩史	長岡技術科学大学工学部環境・建設系
地盤工学委員会（委員長）	三村　衛	京都大学大学院工学研究科都市社会工学専攻
地盤工学委員会（副委員長）	後藤　聡	山梨大学大学院医学工学総合研究部
地盤工学委員会（出版担当）	古屋　弘	（株）大林組技術研究所
幹　事	加藤　隆	大成建設（株）本社土木設計部
委　員	奥田　悟	（株）キンキ地質センター
	小澤　誠志	東京都立田無工業高等学校
	鬼塚　信弘	木更津工業高等専門学校環境都市工学科
	川窪　秀樹	兵庫県立東播工業高等学校
	畠　俊郎	富山県立大学工学部環境工学科
	畠山　正則	応用地質（株）コアラボ試験センター
	稗田　岩夫	東京都立田無工業高等学校
	増岡健太郎	大成建設（株）本社技術センター
	村上　英二	栃木県立宇都宮工業高等学校
	森本　浩行	京都市立伏見工業高等学校
旧委員	菊池　喜昭	東京理科大学理工学部土木工学科
	吉嶺　充俊	首都大学東京大学院都市環境科学研究科

土質試験のてびき（1991年版）
社団法人土木学会
土質実験指導書編集小委員会

委員長	今井　五郎	横浜国立大学工学部建設学科
委　員	大河内保彦	東急建設（株）技術研究所
	清水　昭弘	東京都立田無工業高等学校
	志村　　直	山梨県立峡南高等学校
	中野　　毅	大阪市立都島工業高等学校
	中山　晴幸	日本大学理工学部交通土木工学科
	村上　英二	栃木県立那須工業高等学校
	森本　浩行	京都市立伏見工業高等学校
	安川　郁夫	京都市立伏見工業高等学校

土質試験のてびき［改訂版］（2003年版）
社団法人土木学会　地盤工学委員会
土質試験の手引き編集小委員会

委員長	今井　五郎	元横浜国立大学大学院工学研究院土木工学教室
幹　事	吉嶺　充俊	首都大学東京大学院都市環境科学研究科
委　員	清水　昭弘	東京都立世田谷工業高等学校
	永井　光夫	神奈川県立神奈川工業高等学校定時制建設科
	西村　友良	足利工業大学工学部都市環境工学科
	村上　英二	栃木県立宇都宮工業高等学校土木科
	森本　浩行	京都市立伏見工業高等学校システム工学科

土質試験のてびき［第四版］
目　　次

第1章 土質試験をはじめるにあたって

1. 土質試験の役割

　図-1.1 に示すように，道路，トンネル，橋などの土木構造物の多くは大地に基礎（上部構造物と地盤とのあいだの部分をいう）をおき，大地を掘ったり，あるいは土を盛ったりすることで構築されている．大地の土質は多種多様の特性があるため，それらを安全でかつ経済的に設計，施工，管理をするには，あらかじめ地盤や材料として用いる土の性質を知ることが必要である．**図-1.1** は土や地盤にかかわりのある土木構造物の例を示している．

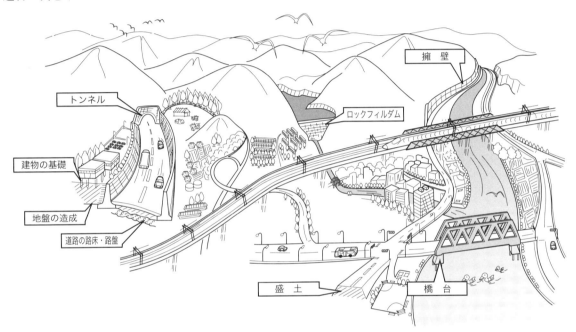

図-1.1 いろいろな土木構造物

　土や地盤の性質を求めるための地盤調査は，**表-1.1** に示すように原位置試験と土質試験の2つに分けられる．

表-1.1　地盤調査の種類

種類	内容
原位置試験	調査地点で直接的に地盤の性質を調べる
土質試験	調査地点から採取された土試料を室内で調べる

　本書では，主に土質試験の方法を紹介している．土木構造物の設計や施工を行うには，土質力学の知識を活用するとともに，適切な土質試験によって得られたデータが必要である．現地の地盤を代表する信頼性の高いデータを用いて設計を行わないと，その結果は役に立たない．「土質力学」の知識と「土質試験」は"車の両輪"のような働きをしており，一方だけでは役に立たず，座学と本書で実習を行う土質試験の内容と常に関連づけて学習することが大切である．

　なお，表扉は，設計や施工にあたり，構造物ごとに地盤や材料土について知っておくべき内容と調査・計画項目，および，それらを求めるための土質試験とその目的などをまとめたものである．

　地盤調査は，工事の流れの中で予備調査と本調査に分けて行われる．原位置試験は，予備調査で行われることが多く，その中で，よく用いられるのがサウンディングである．
　サウンディングは抵抗体を地盤中に挿入し，貫入や回転，引抜きなどの抵抗値から土層の状態や土の強さなどを推定する方法である．最もよく用いられるのは，標準貫入試験，電気式コーン貫入試験，スクリューウエイト貫入試験である．

2.　土質試験の内容

　土質試験の内容は，**表-1.2** に示すように 3 つに大別される．

表-1.2　土質試験の内容

試験の内容	目　的
土の物理的性質を求める試験	土の状態を表す諸量を求めたり，土の分類特性を調べたりする
土の力学的性質を求める試験	土の強さを求めたり，透水性・圧縮性・締固めの性質を調べたりする
土の化学的性質を求める試験	酸性の程度や有機物の量などを調べる

　これらのうち，本書で主に扱うのは，物理的性質，力学的性質を求める試験の 2 つの分野である．化学的性質を求める試験については，特別な場合に実施されるものであるため本書では pH（ピーエイチ）試験だけを取り扱うことにする．

> その他の土の化学的性質を求める試験には，強熱減量試験，電気伝導率試験などがある．

3.　土質試験に用いる試料

　土質試験に用いる試料の状態は，乱さない試料と乱した試料の 2 通りがある．どちらの試料を用いるかは，土の性質を調べる目的によって決まる．**表-1.3** は，土質試験に用いる試料の状態の定義と目的について説明したものである．また，各土質試験においてどちらの試料を用いるかについては，表扉に図示されている．
　これらの試料を現地で採取することをサンプリングと呼んでいる．なおサンプリングにおいては，「乱れの少ない試料」と「乱れた試料」という用語が使われる．採取した試料が土質試験で使われるときに，それぞれ「乱さない試料」と「乱した試料」と呼ぶことになる．

表-1.3　土質試験に用いる試料の状態の定義と目的

試料の状態	定　義	目　的
乱さない試料	自然にある土の状態や構造をそのまま保っている土	土の強さ，圧縮性を調べる
乱した試料	自然にある土の状態や構造がそのままでない土	土を分類・判別したり，締固めの性質を調べたりする

3.1　乱さない試料を得るためのサンプリング
(1)　サンプリングの方法

　乱さない試料を得るためのサンプリングの方法は，サンプリングする地盤の深さや土質の違い（粘性土，砂質土，砂礫など）によって異なった方法が用いられる．

(a)　ブロックサンプリング

　地表から浅いところで手掘りにより，取り出したい試料のまわりを掘り取り，型枠の形状にあわせて形を整えた後，型枠をはめ込んで下部を切り，ブロック状にサンプリングする方法で，切出し式と押切り式の 2 つの方法がある．**図-1.2** は切出し式のブロックサンプリングによる採取の手順を示している．

> 押切り式とは，型枠を垂直に押し込みながら隙間を空けずにサンプリングする方法である．

② 型枠を入れる

③ 型枠と試料のすき間をシール材（パラフィン）でうめる

① 型枠にあわせて掘り取る

④ スコップで型枠の下の地盤から切り取る

図-1.2　ブロックサンプリング（切出し式）による採取の手順

(b)　機械によるサンプリング

　地表から深いところでは，サンプラーを用い，サンプリングチューブを貫入することで採取する．やわらかい粘性土（N 値が 0〜4）では固定ピストン式シンウォールサンプラー，かたい粘性土（N 値が 5〜15）では先端にビットがつき，まわりの土を削りながら採取できるロータリー式二重管サンプラーなどが用いられている．**図-1.3** は，固定ピストン式シンウォールサンプラー（エキステンションロッド式）による採取の手順を示している．

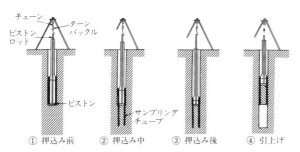

チェーン
ターンバックル
ピストンロット

ピストン

サンプリングチューブ

① 押込み前　　② 押込み中　　③ 押込み後　　④ 引上げ

図-1.3　固定ピストン式シンウォールサンプラー(エキステンションロッド式)による採取の手順

> シンウォールサンプラーに使用するサンプリングチューブとは，先端に刃先をもつうすい肉厚（1.5 mm〜2 mm）のステンレス製の円筒（内径 75.0 mm〜75.5 mm）で長さが 950 mm〜1 000 mm のものである．

　砂質土のサンプリングは困難を伴うことが多い．細砂では粘性土と同様なサンプリングが行われるが，特に細粒分の少ないゆるい砂ではサンプリングチューブが利用できない．砂礫になるとサンプラーを貫入できないため，地中に凍結管を挿入しまわりの砂礫を凍結させ，凍結した状態で土全体を引き抜いたり，回転切削したりする方法で採取する凍結サンプリングが用いられる．

(2)　サンプリングした試料の保管と取り出し

　サンプラーを用いて採取した試料は，**図-1.4** に示す手順で保管し，試験室に搬入した後，試料押出し機で取り出し，それぞれの試験の供試体として用いる．

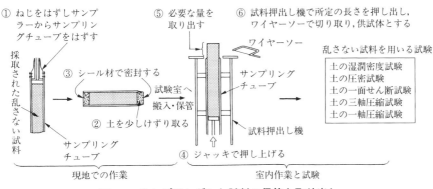

① ねじをはずしサンプラーからサンプリングチューブをはずす

⑤ 必要な量を取り出す

⑥ 試料押出し機で所定の長さを押し出し，ワイヤーソーで切り取り，供試体とする

ワイヤーソー

採取された乱さない試料

③ シール材で密封する

② 土を少しけずり取る

試験室へ搬入・保管

サンプリングチューブ

サンプリングチューブ

④ ジャッキで押し上げる

試料押出し機

乱さない試料を用いる試験
土の湿潤密度試験
土の圧密試験
土の一面せん断試験
土の三軸圧縮試験
土の一軸圧縮試験

現地での作業　　　　　　　室内作業と試験

> シール材は，チューブに入った状態の試料を固定し含水比を変化させないために用いる．松ヤニの混じったパラフィン（ろう）やシール器具（パッカー）などにより行う．パラフィンに松ヤニ(質量分率で 2〜3%) を混ぜるのは，固化時の収縮を低減させ，チューブとの付着力を高めるためである．

図-1.4　サンプリングした試料の保管と取り出し

3.2　乱した試料を得るためのサンプリング

(1)　サンプリングの方法

　乱した試料を得るためのサンプリングの方法は，サンプリングする地盤の深さによって異なった方法が用いられている．

(a)　地表から浅いところのサンプリング

　表面付近の土は，スコップなどで，数 m までの範囲の土は，先端に刃先がついているハンドオーガーで採取する．**図-1.5** にその一例を示す．

〔ごく表面〕

スコップ

表面の土は除き，雨天天後などのサンプリングを避けるなどの注意が必要

〔数 m 以内〕

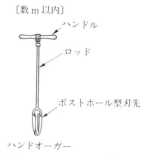

ハンドル

ロッド

ポストホール型刃先

ハンドオーガー

深さが 1 m 以上になるとロッドをつぎ足して採取する．現場によっては 3 m 程度まで試料採取が可能なところがある．

図-1.5　地表から浅いところのサンプリング器具

(b)　地表から深いところのサンプリング

地表から深いところの土のサンプリングは，標準貫入試験を行ったとき，SPT サンプラーに採取されたものを利用する．**図-1.6** に標準貫入試験機を示す（詳細は**第 15 章**）．

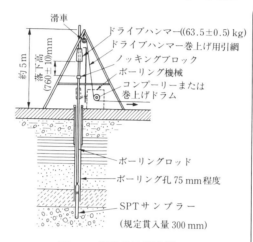

滑車

ドライブハンマー((63.5±0.5) kg)
ドライブハンマー巻上げ用引網
ノッキングブロック
ボーリング機械
コンプレリーまたは巻上げドラム

落下高(760±10)mm

約 5 m

ボーリングロッド

ボーリング孔 75 mm 程度

SPT サンプラー
（規定貫入量 300 mm）

図-1.6　標準貫入試験機

標準貫入試験とは，工事における予備調査でよく行われる原位置試験で，ボーリングによって所定の深さまであけられた細長い孔に，SPT サンプラーをセットし，(63.5±0.5) kg のドライブハンマーを (760±10) mm の高さから自由落下させ，サンプラーを 300 mm 貫入するのに必要な落下回数 N を測定し，地盤の N 値を求める試験である．このとき，その深さにおける乱した試料が採取される．なお，N 値は，地盤の強さを推定する指標として利用される．

(2)　サンプリングした試料の保管

これらの方法で採取された試料は，含水比が変化しないように，採取後すぐにビニール袋などに入れ，袋に残っている空気を追い出して密封し，試験室に搬入する．なお，高有機質土などは時間がたつにつれて，環境の変化などによって微生物などの活動が活発になり土質が変化することがあるので，採取後は，速やかに試験をするように心がける．

4.　土質試験の実施にあたって

4.1　各試験に共通して用いられる器具

試験器具については，各章の「試験器具」において説明されている．ここでは各試験に共通して用いられる器具について説明する．

(1)　長さ・変位の測定器具

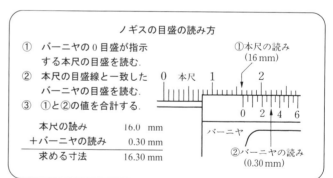

ノギスの目盛の読み方
① バーニヤの 0 目盛が指示する本尺の目盛を読む．
② 本尺の目盛線と一致したバーニヤの目盛を読む．
③ ①と②の値を合計する．

本尺の読み	16.0 mm
＋バーニヤの読み	0.30 mm
求める寸法	16.30 mm

①本尺の読み (16 mm)

②バーニヤの読み (0.30 mm)

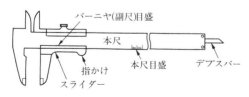

バーニヤ(副尺)目盛
本尺
指かけ
本尺目盛
スライダー
デプスバー

①ノギス（最小目盛 0.05 mm または 0.02 mm）

②直定規（最小目盛 1 mm）

③ダイヤルゲージ（最小目盛 0.01 mm）

(2)　質量測定用はかり

① 電子台ばかり（締固め・CBR 試験のように大きなひょう量を必要とする場合）

② 電子てんびん（一般的な質量測定）

③ 分析用電子てんびん

> はかりではかれる最大の質量をひょう量といい，最小の質量を感量（最小読取値）という．

①電子台ばかり　　　②電子てんびん　　　③分析用電子てんびん

(3)　試料を入れるための器具

① シャーレ

② 蒸発皿

③ バット (4〜5種類)

④ ビーカー

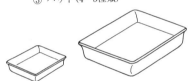

> 含水比の測定において，湿潤試料の質量測定がすぐに行えない場合などでは乾燥を防ぐためにフタつきのシャーレを用いるか密閉容器を用いるとよい．

ふたつきシャーレ　　　密閉容器

(4)　供試体を成形するための器具

① ワイヤーソー（試料を削り取り，成形するために用いる）

② トリマー（試料を所定の直径の円柱形に成形するために用いる）

③ マイターボックス（成形した試料の両端面を整えるのに用いる）

④ 直ナイフ（固い粘土の成形や締め固めた試料の端面の整形に用いる）

> 供試体を成形するとき，最初はワイヤーソーで，仕上げは直ナイフで行うとよい．また，試料に貝殻が入っている場合はワイヤーソーで取り除くようにする．

ワイヤーソー

マイターボックス

↓ピアノ線を用いる

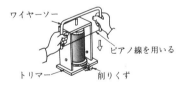
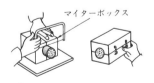
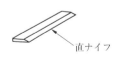

トリマー　　　削りくず

直ナイフ

(5)　試料の乾燥と保存のための器具

①恒温乾燥炉（炉内の温度を (110±5)℃ に保てるもの）

②るつぼばさみ

③耐熱手袋

↓温度計

⑤ デシケーター（炉乾燥した試料を室温になるまで冷ますためのもので, 試料が空気中の水分を吸わないように吸湿剤を入れてあるもの）

吸湿剤(シリカゲルなど)

> デシケーターに高温の試料を入れ, ふたのすりあわせを完全にあわせてしまうと, 試料の温度が室温になってからあけるのに苦労することがある. そのため, すりあわせの部分を半分ぐらいにずらしておけばよい. 吸湿剤としてシリカゲルが用いられる. 吸湿剤の吸湿能力は, 色が変化することなどで判断できる. シリカゲルは乾燥していると青色だが, 水分を吸収すると紫色になる. 吸湿能力の低下が認められればできるだけ早く, 恒温乾燥炉で乾燥し, 吸湿能力の回復をはかることが大切である.

(6)　試験に用いる水

① 蒸留水（主に物理的, 化学的性質を求める試験に用いる）
② 脱気水（主に力学的性質試験に用いる）

> 脱気水とは, 水に溶けている空気を除いた水である. 脱気水は, 水を沸騰するか, 水を真空ポンプにかけるなどして水に溶けている空気を抜いてつくる.

(7)　その他の器具

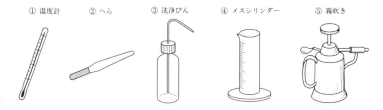

① 温度計　　② へら　　③ 洗浄びん　　④ メスシリンダー　　⑤ 霧吹き

4.2　試験を行うにあたって

　土質試験には, ほとんどの試験項目において含水比測定作業をともない, 炉乾燥した試料の質量測定作業が試験日の翌日に残る. このように, 土質試験は時間のかかることが多く, 最後まで全員が協力して試験を行うことが大切である. 試験にあたっては以下の 5 つのことに注意して行うこと.

① 各試験に用いる試料は, その試験を始める前に, あらかじめ必要な状態に準備しておくこと.
② 各試験に用いる器具は大切に扱い, その試験を始める前に準備, 整理しておくこと.
③ 試験を行う前には必ず本書の該当部分を読み, 作業内容を確認してから試験に入ること.
④ 乱さない試料を取り扱う場合は, 衝撃, 乾燥などを試料に与えないこと.
⑤ 試験に用いた器具は, 試験後必ずきれいに洗浄, 清掃し, 整理して保管しておくこと.

4.3　試験で得られるデータや数値の取り扱い

① 得られたデータは読み違いなどないようにそのつど, データシートの所定の欄に記入していくこと.
② 数値の有効数字については, 通常 3 桁でよい. ただし, 桁数については各規格や基準によって慣用的なものもあり, 各データシートの記入例に従えばよい.

　2020 年に改正された規格・基準より, 明確に有効数字を考慮した記述がされるようになった. この有効数字の桁数により, 使用する測定機器に要求する精度が変わってくるため, 試験においては非常に重要である. 最終的に, 有効数字を考慮して数値を丸めて（通常は四捨五入）, 試験結果を報告する. 計算により有効数字の桁数は減るため, 途中計算では有効数字の桁数より 1 桁多く用いて計算する必要がある. 土質試験では特別な試験を除いて, 有効数字は 3 桁となる場合が多いが, 結果の計算や報告では, 小数点以下何桁という表記も多用されている. 規格・基準のみでなく, データシートの記入例も参考となる.

> 有効数字については, 加減算では, 最も位取りの高いデータで結果の有効桁が決まり, 乗除算では, 最も桁数の少ない値で結果の有効数字が決まる.

③ データにはばらつきがあるため, 同一の試料について複数個のデータを取った場合は, その平均値を代表値とする. データの中に異常値があれば, それを除いて平均値を求める.

4.4　レポートのまとめ方

試験が終わったら，必ず試験結果をレポートとしてまとめるようにする．レポートのスタイルの一例を**図-1.7** に示す．

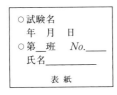

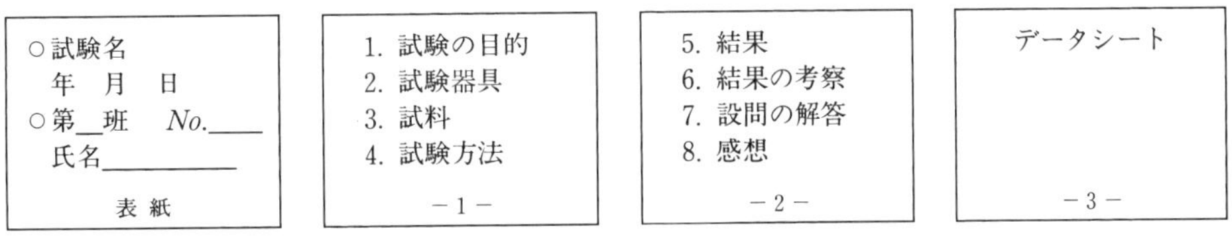

○試験名
年　月　日
○第__班　No.____
氏名__________
表 紙
1. 試験の目的
2. 試験器具
3. 試料
4. 試験方法
－1－
5. 結果
6. 結果の考察
7. 設問の解答
8. 感想
－2－
データシート
－3－

図-1.7　レポートのスタイルの一例

5.　乱した土の試料調製

5.1　調製の目的

乱した土を対象とした土質試験を行うためには，採取した土をそれぞれの試験の目的に応じた状態の試料に調整することが必要である．乱した土（粒径 75 mm 未満）の試料調製とは，次の 3 つの作業を行うことをいう．

① 試料の分取　② 含水比調整　③ 粒度調整

なお，乱した土の試料調製の内容および順序は，対象とする土質試験によって異なる．

この方法は，JIS A 1201「地盤材料試験のための乱した土の試料調製方法」によって規定されている．

5.2　調製器具

① はかり　② 恒温乾燥炉　③ デシケーター
④ ふるい　⑤ ときほぐし器具　⑥ へら（ゴム，鋼製）

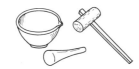

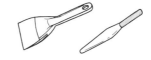

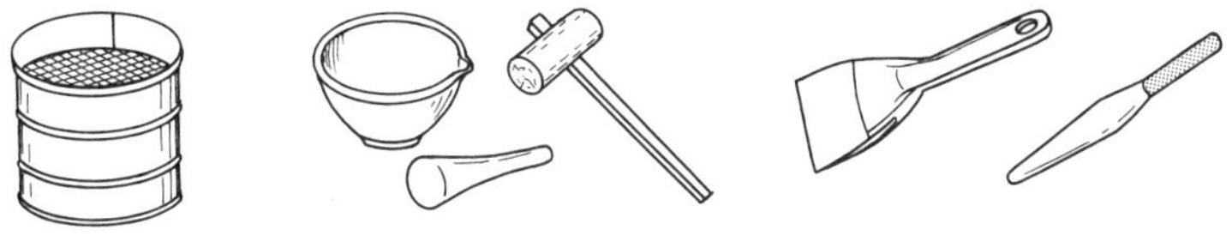

はかりは，測定質量の約 0.1%まではかることができるものを用いる．
ふるいは，JIS Z 8801-1 に規定された金属製網ふるいを用いる．
ときほぐし器具は，乳鉢および乳棒，または土粒子を破損せずに土の塊をときほぐすのに適した器具を用いる．

5.3　各試験に必要な試料の分取量

採取した土の中から必要なだけ取りだして試料とすることを分取という．試験を 1 回実施するために必要な試料の分取量の目安を**表-1.4**，**表-1.5** に示している．この表で示される試料の分取量は，各試験方法で定められている試料の最少質量に適当な余裕量を加えたものである．

表-1.4　物理的・力学的性質を求める試験を 1 回行うために必要な最少分取量の目安

試験方法等				試料の最大粒径 (mm)							
				0.425	2	4.75	9.5	19	26.5	37.5	75
物理的性質	土粒子の密度			10 g（ピクノメーター容量100 mL 以下） 25 g（ピクノメーター容量100 mL より大）			—				
物理的性質	土の含水比			5 g	10 g	30 g	15 g		1 kg		5 kg
物理的性質	土の粒度			200 g		400 g	1.5 kg		6.0 kg		30 kg
物理的性質	土の液性限界・塑性限界			230 g	—						
力学的性質	突固めによる土の締固め	モールド内径 100 mm	a. 乾燥・繰返し法	5 kg					—		
力学的性質	突固めによる土の締固め	モールド内径 100 mm	b. 乾燥・非繰返し法	3 kg ×組数							
力学的性質	突固めによる土の締固め	モールド内径 100 mm	c. 湿潤・非繰返し法	3 kg ×組数							
力学的性質	突固めによる土の締固め	モールド内径 150 mm	a. 乾燥・繰返し法	8 kg					15 kg		—
力学的性質	突固めによる土の締固め	モールド内径 150 mm	b. 乾燥・非繰返し法	6 kg ×組数							—
力学的性質	突固めによる土の締固め	モールド内径 150 mm	c. 湿潤・非繰返し法	6 kg ×組数							
力学的性質	CBR			5 kg ×組数							—
力学的性質	土の透水			3 kg（標準供試体）					—		

この表に示す最少分取量は，湿潤または空気乾燥試料の質量である．
同一条件で複数個の試験を行う場合，最少分取量に個数を乗じた量が必要になる．
組数とは，試験を 1 回行うのに必要な供試体の個数をいう．

表-1.5 化学的性質を求める試験を1回行うために必要な最少分取量の目安

試験方法等	試料の最大粒径			備考
	2 mm 以下	5 mm 以下	10 mm 以下	
土懸濁液のpH	30 g 以上	100 g 以上	150 g 以上	炉乾燥状態の質量

> 同一条件で複数個の試験を行う場合, 最少分取量に個数を乗じた量が必要になる.

なお, 現場で採取すべき必要量の概略は, **表-1.4**, **表-1.5** を利用して算出できる. 試料の分取には, あとで述べる四分法を用いるため, 現場で採取する土の量は, 原則として表に示す目安の少なくとも4倍以上が必要である.

5.4 調製方法

(1) 試料の分取（四分法）

試料を必要量取り出すとき, 四分法を用いる. 採取した土を四分法による試料の分取によって無作為に必要量を抽出する操作を行い, これによって得られた試料を, 採取位置の土層を代表する試料としている. **図-1.8** にその手順を示す.

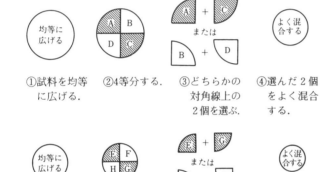

① 試料を均等に広げる.　② 4等分する.　③ どちらかの対角線上の2個を選ぶ.　④ 選んだ2個をよく混合する.

⑤ よく混合した試料を均等に広げる.　⑥ 再び4等分する.　⑦ どちらかの対角線上の2個を選ぶ.　⑧ 選んだ2個をよく混合する.

図-1.8 四分法の手順

> 採取した土が客観的に明らかに地盤を代表していると見なせる場合, 四分法による分取を省略して, 採取した土をそのまま試料としてよい. 四分法による分取が省略できるのは, 次のような場合である.
> (a) 対象地盤や土層が明らかに均一であると判断される場合
> (b) 対象地点を代表するとあらかじめ認められた上で採取された土

> ④は最初の試料の1/2になっている.
> ⑧は最初の試料の1/4になっている.
> 分量が多すぎるときは, 必要量になるまで一連の操作⑤〜⑧を繰り返す.

(2) 試料の含水比調整

採取した試料の含水比調整は, 次の3つの方法がある.
① 非乾燥法　② 空気乾燥法　③ 炉乾燥法
それぞれの作業内容の流れを示すと**図-1.9**のようになる.

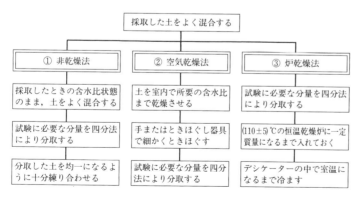

採取した土をよく混合する

① 非乾燥法
- 採取したときの含水比状態のまま, 土をよく混合する
- 試験に必要な分量を四分法により分取する
- 分取した土を均一になるように十分練り合わせる

② 空気乾燥法
- 土を室内で所要の含水比まで乾燥させる
- 手またはときほぐし器具で細かくときほぐす
- 試験に必要な分量を四分法により分取する

③ 炉乾燥法
- 試験に必要な分量を四分法により分取する
- (110±5)℃の恒温乾燥炉に一定質量になるまで入れておく
- デシケーターの中で室温になるまで冷ます

図-1.9 含水比調整作業内容の流れ

> 非乾燥法は, 自然含水比を保持しなければならない土, 湿潤な粘性土（特に火山灰質粘性土）, 有機質土, 粒子が壊れやすい土など, 乾燥により著しく性質が変化する土に用いる.
> 空気乾燥法と炉乾燥法は, 礫分, 砂分の多い粗粒土, 原位置でかなり乾燥している粘性土など, 土の性質が乾燥によってあまり変化しない土に用いる.

> 空気乾燥法は, 直射日光を避け, できるだけ風通しのよい場所でシートや大きな容器に薄く敷き広げ, ときどきハンドショベルでかき回すようにする. 所要の含水比になるまで均一に乾燥させる. 大きな塊がある場合は, 手またはときほぐし器具で細かくときほぐしたり, 木づちなどでつぶしながら乾燥させる. 扇風機やドライヤーを利用すると効果的である. また, 急ぐ場合は恒温乾燥炉を50℃以下にして利用してもよい. ただし, 加熱しすぎないことと, むらなく乾燥することに注意する. 炉乾燥法は, 乾燥後に分取を行ってもよい.

(3)　試料の粒度調整

それぞれの試験に規定されている粒径以上の土粒子を含む土は，ふるい分けによって粒度を調整する．非乾燥法によるとき，土が非常に湿っていてふるい分けができない場合は，裏ごしによって粒度を調整する．

1）ふるい分け

ふるい分けは，空気乾燥法や炉乾燥法により含水比調整した土に対して適用する．

図-1.10 に示すように所定の金属製網ふるいを用いてふるい分けを行い，通過分を試料とする．

2）裏ごし

裏ごしは，含水比調整を非乾燥法とした土に対して適用する．

図-1.11 に示すように，蒸留水を加えるなどして裏ごしをしやすい軟らかさに練り合わせた後，ゴムへらを用いて所定の金属製網ふるいで裏ごしを行い，通過分を試料とする．

pH 試験のように，許容の粒径以上の土粒子が少量含まれていても，試験結果に影響を及ぼさないと考えられる場合は，粗大な粒子を手またはピンセットで取り除き，ふるい分け，または裏ごしを省略してもよい．

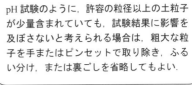

図-1.10　ふるい分け作業

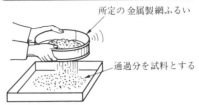

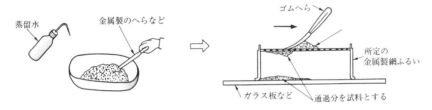

図-1.11　裏ごし作業

5.5　各土質試験の試料調製

各土質試験の試料調製の順序を示すと**図-1.12**のように示される．

含水比調整に関しては，乾燥による性質の変化を避けるため，非乾燥法を適用している試験が多い．

土粒子の密度試験において，大きな植物繊維が試料に含まれている場合は，これをすりつぶしておく．また，炉乾燥法により含水比調整する場合は，十分ときほぐした後に炉乾燥する．

土の液性限界・塑性限界試験において，試料を空気乾燥しても試験結果に影響しない場合は，空気乾燥法によって調製した試料を用いてもよい．

突固めによる土の締固め試験，CBR 試験，土の透水試験において，試料を乾燥すると試験結果に影響する土（例えば火山灰質粘性土や凝灰質細砂など）の含水比調整は，非乾燥法によって行い，それ以外の土は空気乾燥法によって行う．

土の pH 試験において，固結した土を用いる場合は，ときほぐしてから用いること．

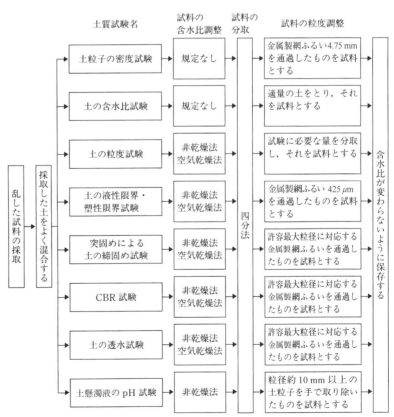

注：試料の含水比調整，試料の分取，試料の粒度調整は，必ずしもこの順番でなくてよい．

図-1.12　各土質試験ごとの試料調製

5.6 関連知識——効率的な乱した試料の採取量——

各土質試験を行う場合，前述したように，試験を 1 回実施するために必要な土の採取量は，原則として
表-1.4，**表-1.5** に示されている量の少なくとも 4 倍以上が必要である．土質試験の場合一つの試験のみで
土を評価することは少なく，複数の土質試験を行うための試料を採取することになる．しかし，例えばあ
る土について「土の透水試験」と「土の粒度試験」を実施する場合，両方の試験ごとに必要な量を算出し，
その合わせた量を採取する必要はない．この場合は，「土の透水試験」の試料分取量の目安である 3 kg の
4 倍にあたる 12 kg だけ採取すればよい．それは，採取した土について，「土の透水試験」を実施するため，
四分法により試料を分取すると，必要な試料が 3 kg 得られ，9 kg の土が残る．この残った土をよく混ぜ
合わせて，「土の粒度試験」を実施するため再び四分法によって試料分取を行えばよいからである．

6. 設問

(1) 原位置試験とはどういう試験か．

(2) 乱さない試料と乱した試料の定義は何か．また，どういう目的の土質試験に用いられるか．

(3) 砂礫のように乱さない試料の採取が困難な土は，どのような手段で乱さない試料を採取するか．

(4) 乱さない試料をサンプリングしたとき，シール材で密封するのはなぜか．

(5) 地表から深いところの乱した試料をサンプリングする手段を述べよ．

(6) はかりのひょう量とはどういう意味か．

(7) ある沖積粘土地盤の液性限界と塑性限界を調べたい．その地盤から代表的な沖積粘土をおよそ何 g
採取すればよいか．

(8) (7) の試験を行うにあたって，採取した沖積粘土をどのような方法と手段で試料調製すればよいか．

(9) 採取した土を四分法により分取するのはなぜか．

(10) 試料を空気乾燥する場合，注意しなければならないことは何か．

(11) 試料の含水比調整を行う場合の非乾燥法はどのような土に用いられるか．

第 2 章　土の含水比試験

1.　試験の目的

　土に含まれる水の量を含水量といい，土の含水量は，含水比 w (%) で表される．土の含水比 w (%) は，土の乾燥質量 m_s (g) に対する土中の水の質量 m_w (g) との比を百分率で表したものであり，次式で求められる．

$$w = \frac{m_w}{m_s} \times 100 \quad (\%) \tag{2.1}$$

　この試験は，土の含水比を求めることを目的としている．本章では，恒温乾燥炉を用いて土の含水比を求め

> 土中に含まれる水分には次のようなものがある．
> 自由水：重力の作用により土粒子の間隙を自由に移動する水
> 毛管水：地下水面より上で毛管作用により存在する水
> 吸着水：土粒子の表面に薄い膜となって電気的な力で固着して存在する水
> これらの水分は 100 ℃ 以上の温度で失われる．炉乾燥温度を(110 ± 5) ℃ にするのは，通常，土中の水分は 100 ℃ で蒸発するが，吸着水は，完全にとれないことがあるので 100 ℃ より高めにして乾燥させるのである．

る方法を説明している．この試験は，ほとんどの土質試験において共通して行われる作業である．

　自然状態の土は，含水量の違いによりその工学的性質が大きく異なってくる．土の含水比を知ることは，土構造物の設計・施工において施工条件を決める時などに必要である．また，含水比は土の状態を表す諸量のなかで最も基本となる値である．

　この試験は，JIS A 1203「土の含水比試験方法」によって規定されている．

2.　試験器具

① 容器：シャーレまたは蒸発皿
② はかり：試料の測定量により**表-2.1**の最小読取値のものを用いる．
③ 恒温乾燥炉：炉内の温度を(110 ± 5) ℃ に保持できるもの．
④ るつぼばさみ，耐熱手袋
⑤ デシケーター：JIS R 3503 に規定するもの，または同等の機能を持つ容器で，シリカゲル等の吸湿材をいれたもの．

表-2.1　はかりの最小読取値

試料質量(g)	最小読取値(g)
10 未満	0.001
10 以上 100 未満	0.01
100 以上 1 000 未満	0.1
1 000 以上	1

3.　試料の準備

　第 1 章「5.　乱した土の試料調製」に従って必要量をあらかじめ準備しておく．**表-2.2**は，含水比を求めるのに必要な試料の最少質量の目安を示している．特に，自然状態で採取された土については，その土を代表する部分を試料とすること．

表-2.2　測定に必要な試料の質量の目安

試料の最大粒径 (mm)	試料質量
75	5～30 kg
37.5	1～5 kg
19	150～300 g
4.75	30～100 g
2	10～30 g
0.425	5～10 g

> ただちに湿潤試料の質量の測定をしない場合は，含水比が変化しないように，ビニール袋や気密な容器に入れ，直射日光の当たらない場所で保管する．

4.　試験方法

① 容器の質量 m_c (g) をはかる．

② 試料を容器に入れ，（容器＋試料）の質量 m_a (g) をはかる．

③ 試料を容器ごと恒温乾燥炉に入れ，(110±5)℃ で一定質量になるまで炉乾燥する．

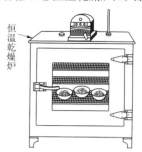

恒温乾燥炉

一定質量になるまでの乾燥時間は，試料の量，土の種類，含水量，乾燥炉の容量などによって異なるが，一般には 18〜24 時間くらいが適当である．
試料の入った容器を恒温乾燥炉から取り出すときは，やけどをしないようにるつぼばさみや耐熱手袋などを使用する．
同一試料について 3 つ程度測定されることが多く，それらを平均したものを試料の含水比としている．

④ 炉乾燥試料を容器ごとデシケーターに入れ，ほぼ室温になるまで冷ます．

デシケーター
乾燥試料
吸湿剤

⑤ （炉乾燥試料＋容器）の質量 m_b (g) をはかる．

m_b

試料番号(深さ)	BH1-1 (GL±0.00〜-1.00m)		
容 器 No.	715	738	717
② m_a　g	5728	5812	5679
⑤ m_b　g	4869	4956	4822
① m_c　g	1616	1650	1578
w　％			
平 均 値 w ％			
特 記 事 項	粒径75mm以上の礫を少量含む。		

↑ 外見上めだったことがらがあれば記入する

5.　結果の整理

土の含水比 w (%) を次式で求め，四捨五入によって小数点以下 1 桁に丸める．

$$w = \frac{m_w}{m_s} \times 100 = \frac{m_a - m_b}{m_b - m_c} \times 100 \quad (\%) \qquad (2.2)$$

ここに，

m_w : 炉乾燥によって失われる土中の水の質量 (g)

m_s : 土の炉乾燥質量 (g)

m_a : 湿潤試料と容器の質量 (g) （← 4.②）

m_b : 炉乾燥試料と容器の質量 (g) （← 4.⑤）

m_c : 容器の質量 (g) （← 4.①）

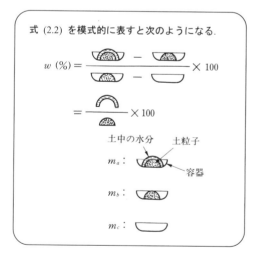

式 (2.2) を模式的に表すと次のようになる．

$$w\,(\%) = \frac{\text{湿潤試料} - \text{炉乾燥試料}}{\text{炉乾燥試料} - \text{容器}} \times 100$$

$$= \frac{\text{土中の水分}}{\text{土粒子}} \times 100$$

土中の水分　土粒子
m_a :　　　　　容器
m_b :
m_c :

試料番号(深さ)	BH1-1 (GL±0.00〜-1.00m)		
容 器 No.	715	738	717
m_a　g	5728	5812	5679
m_b　g	4869	4956	4822
m_c　g	1616	1650	1578
w　％			← 式 (2.2)
平 均 値 w ％			
特 記 事 項	粒径75mm以上の礫を少量含む。		

$$w = \frac{5\,728 - 4\,869}{4\,869 - 1\,616} \times 100 = 26.4\,(\%) \qquad \text{平均値}\ w = \frac{26.4 + 25.9 + 26.5}{3} = 26.3\,(\%)$$

6.　結果の利用と関連知識

(1) この試験で得られた含水比と**第3章**で得られる土粒子の密度 ρ_s，**第4章**で得られる湿潤密度 ρ_t を用いて，間隙比 e，飽和度 S_r，乾燥密度 ρ_d の値を求めることができる．

(2) 含水比を多く測定する試験に，液性限界・塑性限界試験，突固めによる土の締固め試験がある．

(3) 自然状態にある土の含水比を特に自然含水比 w_n と呼んでいる．**表-2.3** に主な土質の自然含水比の値を示す．

(4) 電子レンジを用いた試料の乾燥法

土工などの施工管理において，施工途中にその現場でただちに含水比の値を知ることが必要なときがある．その場合には，炉乾燥のかわりに電子レンジを利用して試料を乾燥させる方法がある．これによれば，乾燥時間が短くて簡便で迅速に測定が可能である．**表-2.4** に電子レンジを用いた含水比測定に必要な試料の質量の目安を，**表-2.5** に一定質量となるまでの加熱時間の目安を示す．

表-2.3　主な土の自然含水比 [1]

土質名	地名	含水比 w_n (%)
沖積粘土	東京	50～80
洪積粘土	東京	30～60
関東ローム	関東	80～150
まさ土	中国	6～30
しらす	南九州	15～33
黒ぼく	九州	30～270
泥炭	石狩	110～1 300

電子レンジ法（マイクロ波加熱法）
試料を乾燥させるための器具として一般家庭で使用している電子レンジ（最大出力500～600 W 程度）を利用したもので，試料にマイクロ波をあてて試料の内部より加熱し，水分を蒸発させる方法である．粒径約10 mm以下の土を対象としている．加熱中に，破裂や飛散の恐れがある礫や塩分を含んだ土，しらすや高有機質土などは適しない．電子レンジを利用する際には，取り扱いに十分注意し，乾燥試料の量，乾燥時間などにより数値にばらつきがでないよう注意する．測定容器は，耐熱性のガラスシャーレや磁製のものを使用する．

表-2.4　電子レンジを用いた含水比測定に必要な試料の質量の目安

試料の最大粒径 (mm)	試料質量 (g)
9.5	100～200
4.75	30～100
2	10～30
0.425	5～10

表-2.5　一定質量となるまでの加熱時間の目安

電子レンジ出力	600 W	
測定容器	高さ：約20 mm，直径：約60 mm（シャーレ）	
試料条件	3個1組，最大粒径2 mm で，容器1個当たり約10 g（湿潤土質量）	
加熱時間	火山灰質高含水比粘土	17分
	有機質土	20分
	上記以外の一般的な土	10分

※繊維質の多い有機質土は燃焼したり焦げることがあるので注意する．

7.　設問

(1)　土の含水比は，どのように定義されているか．

(2)　デシケーターはどのような働きをしているか．また，中には何が入っているか．

(3)　試料を炉乾燥する場合の温度は何℃で，一定質量になるまでにどれくらいの時間を要するか．

(4)　含水比の値が100%を越えることがあるか．

(5)　関東ロームの含水比を調べるため，次の結果を得た．含水比 w を求めよ．

　　　湿潤試料と容器の質量 $m_a = 107.28$ g

　　　炉乾燥試料と容器の質量 $m_b = 76.25$ g

　　　容器の質量 $m_c = 25.65$ g

(6)　乾燥した試料100gに水分を加え含水比を30%にするには，どれだけの水が必要か．

(7)　含水比を多く測定する作業が伴う土質試験は何か．

引用・参考文献

1)　地盤工学会編：地盤材料試験の方法と解説［第一回改訂版］, p. 121-131, 2020.

JIS A 1203 JGS 0121	土 の 含 水 比 試 験			電子レンジを用いた JGS 0122		
調査件名　○○地区地盤調査 用いた規格，基準番号を選択する．			電子レンジを用いた土の含水比試験で求めた場合には明記する． 試 験 者　桜 井 大 地			
試料番号(深さ)	BH1-1　(GL±0.00～-1.00m)			BH1-2　(GL-2.00～-3.00m)		
容 器 No.	715	738	717	603	746	724
m_a　g	5728	5812	5679	104.27	128.63	98.25
m_b　g	4869	4956	4822	86.10	107.29	83.10
m_c　g	1616	1650	1578	16.26	16.17	16.47
w　%	26.4	25.9	26.5	26.02	23.42	22.74
平 均 値 w %	26.3			24.1		
特 記 事 項	粒径75mm以上の礫を少量含む．			粒径4mm程度の礫を少量含む．		
試料番号(深さ)	BH1-3　(GL-5.00～-6.00m)			BH1-4　(GL-6.00～-9.00m)		
容 器 No.	174	94	77	27	99	197
m_a　g	439.4	440.2	398.6	51.10	45.39	46.71
m_b　g	341.6	342.8	312.8	35.97	32.40	33.29
m_c　g	72.3	71.8	75.0	7.61	7.16	7.37
w　%	36.3	35.9	36.1	53.3	51.5	51.8
平 均 値 w %	36.1			52.2		
特 記 事 項	粒径17mm程度の礫を少量含む．			少量の腐植物を含む．		
試料番号(深さ)	BH1-5　(GL-13.00～-14.00m)			BH1-6　(GL-20.50～-21.50m)		
容 器 No.	39	9	53	177	86	58
m_a　g	50.70	53.92	53.56	43.22	48.68	52.76
m_b　g	37.81	39.85	39.65	32.17	36.34	39.03
m_c　g	7.55	7.87	7.30	7.01	7.53	7.56
w　%	42.6	44.0	43.0	43.9	42.8	43.6
平 均 値 w %	43.2		電子レンジを用いた場合は必ず電子レンジの出力と加熱時間を記入する．	43.4		
特 記 事 項						
試料番号(深さ)	T4-1　(GL-2.00～-2.60m)			T4-2　(GL-5.00～-5.80m)		
容 器 No.	55	27	48	23	5	50
m_a　g	447.7	459.6	468.1	46.90	46.16	46.99
m_b　g	430.6	441.3	449.8	43.05	42.00	42.85
m_c　g	347.3	354.6	360.7	36.85	35.50	36.24
w　%	20.5	21.1	20.5	62.1	64.0	62.6
平 均 値 w %	20.7			62.9		
特 記 事 項	粒径5mm程度の礫を少量含む　600W，20分			少量の腐植物を含む　600W，20分		
試料番号(深さ)	T5-1　(GL-3.20～-4.00m)			T5-2　(GL-7.50～-8.25m)		
容 器 No.	61	68	19	10	34	57
m_a　g	45.52	46.41	45.33	45.95	46.17	47.05
m_b　g	43.31	44.17	43.16	41.50	41.87	42.58
m_c　g	35.45	36.12	35.84	35.25	35.71	36.21
w　%	28.1	27.8	29.6	71.2	69.8	70.2
平 均 値 w %	28.5			70.4		
特 記 事 項	600W，15分			600W，20分		

$$w = \frac{m_a - m_b}{m_b - m_c} \times 100 \quad \begin{array}{l} m_a：(試料＋容器)質量 \\ m_b：(炉乾燥試料＋容器)質量 \\ m_c：容器質量 \end{array}$$

第3章 土粒子の密度試験

1. 試験の目的

　自然にある土は，土粒子（固体），水（液体），空気（気体）から構成されており，土の生成過程とその後の経過時間，土がおかれている状況によってそれらの割合はさまざまである．そのうち，土粒子部分は，鉱物質の土粒子や植物繊維などの固体の有機物で構成されている．

　この試験は土粒子の密度を求めることを目的としている．土粒子の密度 ρ_s（Mg/m³［メガグラム／立方メートル］）とは，土粒子の単位体積（1 m³）あたりの質量をいい，次式で表される．

> 複雑な形をした土の土粒子部分の体積の精度が土粒子の密度の測定値に大きく影響する．その体積を正確に求めるために内容物の微小な体積変化がよくわかり，表面張力による水面の盛り上がりをできる限り除くことのできる上部の細くなったゲーリュサック型ピクノメーターを用いる．

$$\rho_s = \frac{m_s}{V_s} \times 10^3 \quad (Mg/m^3) \tag{3.1}$$

　（注）　1 (g)=10^{-6} (Mg)，　1 (mm³)=10^{-9} (m³)

　土の土粒子部分の質量 m_s(g) は，はかりを用いて直接求められる．土粒子部分の体積 V_s(mm³) はピクノメーターを用いて正確に求められる．土粒子の密度 ρ_s は，間隙比 e や飽和度 S_r などの土の基本的な状態を表す諸量の計算を行う上で必要な値である．

　この試験は，JIS A 1202「土粒子の密度試験方法」によって規定されている．

2. 試験器具

① ピクノメーター：容量が 50 mL 以上のものを 3 個.
② 湯せん器具：器具内に入れた水を煮沸できるもの.
③ 恒温乾燥炉：炉内の温度を(110 ± 5) ℃に保持できるもの.
④ デシケーター：JIS R 3503 に規定するもの，または同等の機能を持つ容器で，シリカゲル等の吸湿材をいれたもの.
⑤ はかり：0.01 g まではかることができるもの.
⑥ 温度計：最小読取値が 0.1 ℃まで判読できるもの.
⑦ 土粒子の分離器具または土の破砕器具：木づちや，有機質土の植物繊維のすりつぶせる乳鉢や乳棒.
⑧ 蒸留水：蒸留水は，煮沸または減圧によって十分に脱気したもの.
⑨ るつぼばさみ，耐熱手袋
⑩ シャーレ，蒸発皿，ビーカーなどの容器
⑪ 洗浄びん

ゲーリュサック型
ピクノメーター

湯せん器具の例

3. 試料の準備

① **第1章**「5. 乱した土の試料調製」によって得られた 4.75 mm ふるいを通過した試料を用いる.
② 固まっている試料を十分に分離しておく.

③ 試料の必要量は，用いるピクノメーターの容量により以下のようにする.

容量 100 mL 以下のピクノメーター→ 炉乾燥質量で 10 g 以上

容量 100 mL より大きいピクノメーター→　　〃　　　25 g 以上

> 大きな植物繊維はすりつぶしておく.
> 試料は湿ったままのもの，空気乾燥したもの，炉乾燥したもののいずれでもよい.

4. 試験方法

(1) ピクノメーターの検定

① ピクノメーターの質量 m_f (g) をはかる.（ピクノメーターをよく乾かしておくこと）

② ピクノメーターに蒸留水を満たし，ストッパーを確実にはめる.

> ピクノメーターの検定は，あらかじめ試験に用いるすべてのピクノメーターについてすませておくと便利である.

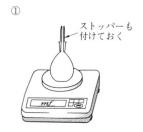

①　ストッパーも付けておく

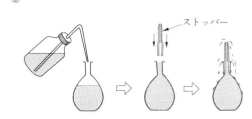

②　ストッパー

③ ピクノメーターのまわりに付着した水をきれいに拭き取る.（容器や水の膨張を防ぐために，首の部分をもつなどして体温を伝えないように気をつける）

③

④ 質量（蒸留水＋ピクノメーター）$m_a(T_2)$ (g) をはかる.

⑤ すぐにピクノメーター内の蒸留水の水温 T_2 (℃)をはかる.

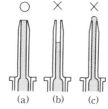

> ストッパーの小穴も含めて空気が入らないようにし，ストッパーの先端は下図 (a) の状態にする.
> (b) の状態になったときには，②からやり直す.
> (c) の状態のときには先端の水分を布などで吸い取る.
> ○　×　×
> (a)　(b)　(c)

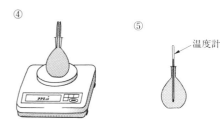

④　⑤　温度計

試料番号（深さ）	T1-1 (GL-11.00〜-11.80m)		
ピクノメーター No.	37	38	39
①→ ピクノメーターの質量　m_f g	77.97	76.75	78.37
④→ (蒸留水＋ピクノメーター)質量　$m_a(T_2)$ g	134.37	133.40	135.66
⑤→ $m_a(T_2)$ をはかったときの蒸留水の温度　T_2 ℃	20.2	20.2	20.2
T_2 ℃における蒸留水の密度 $\rho_w(T_2)$ Mg/m³			

(2) 土粒子の密度の測定

① 準備した試料をピクノメーターに入れる.（1 つの試料について最低 3 つのデータをとる）

② 蒸留水をピクノメーターの容量の 2/3 ぐらいまで加える.（ピクノメーター上部に付着した試料も流し込む）

> 炉乾燥試料を用いる場合は，十分ときほぐした後，炉乾燥し，試料の質量 m_s (g) をはかり，漏斗などを用い，少しも失わないようにピクノメーターに入れる. そして，蒸留水を加え 12 時間以上浸した後に湯せんを行う.
> 1 個のピクノメーターに入れる試料の最大値はピクノメーターの実質部分の下から 1/4 程度とする. 多すぎると脱気の際に気泡が抜けにくくなる.

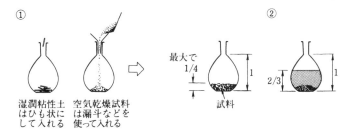

① 　湿潤粘性土　　空気乾燥試料　　　　　　最大で　　　試料　　　　　　　　
はひも状に　　は漏斗などを　　　　　　1/4
して入れる　　使って入れる

② 　試料

③ 湯せん器具にピクノメーターを入れて加熱していき沸騰させ, 試料中の気泡を抜く.（ストッパーはつけない）

④ 沸騰の途中, 気泡が抜けるのを助けるためにときどきピクノメーターを振る.

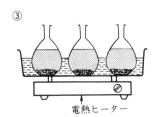

③ 電熱ヒーター

④ るつぼばさみを使うと安全である

> 試料が吹きこぼれないように注意する.
> 沸騰時間は,
> 一般の土 　→ 　10 分以上
> 高有機質土→ 　約 40 分
> 火山灰土 　→ 　2 時間以上
> 気泡を除く作業はこの試験の中で重要である. 十分に気泡を抜いておかないと土粒子部分の体積を大きく測定することになり ρ_s が小さく求められることになる.

⑤ 気泡が抜けたら, ピクノメーターを湯せん器具から出し全体の温度がほぼ室温に下がるまで放置して冷ます.

⑥ ピクノメーターに蒸留水を加え, ストッパーを付けて満たし, まわりに付着した水をきれいにふきとる. このときストッパーの小穴も含めて空気が入っていないことを確認する (**4.(1)** ③と同じ状態になる).

⑤ 室温になるまで冷ます

⑥ 　　　　　ストッパー

⑦ 質量（試料＋蒸留水＋ピクノメーター）$m_b(T_1)$ (g) をはかる.

⑧ ストッパーを取り, 内容物の温度 T_1 (℃) をはかる.

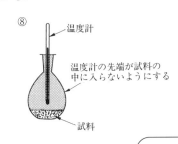

⑦ m_b

⑧ 温度計
温度計の先端が試料の中に入らないようにする
試料

⑨ ピクノメーターの内容物の全量を蒸発皿またはビーカーに取り出す. このとき内容物を少しも失ってはならない.

⑨

> まず, 上澄み液を 1/3 くらい移し, 容器の口を押さえて振り, 沈殿している試料を十分に攪拌し, ピクノメーターを回転して渦を起こすようにして出すと出しやすい. 残った試料は蒸留水で洗い流しながら出す. なお, 炉乾燥試料を用いる場合は⑨～⑫の作業は, 必要ない.

⑩ 取り出した全量を, (110 ± 5) ℃ で一定質量になるまで炉乾燥する.

⑪ 炉乾燥試料をデシケーター内でほぼ室温になるまで冷ます.

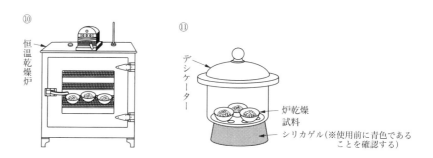

⑫ 炉乾燥質量を測定し，土粒子の質量 m_s (g) を求める．

⑫

(試料+蒸留水+ピクノメーター)質量	$m_b(T_1)$g	144.13	143.90	146.95	←⑦
$m_b(T_1)$をはかったときの内容物の温度	T_1 ℃	19.7	19.7	19.7	←⑧
T_1℃における蒸留水の密度	$\rho_w(T_1)$Mg/m³	0.99826	0.99826	0.99826	
温度T_1℃の蒸留水を満たしたときの(蒸留水+ピクノメーター)質量	$m_a(T_1)$g	134.38	133.41	135.67	
試料の炉乾燥質量　容器 No.		37	38	39	
(炉乾燥試料+容器)質量 g		93.51	93.48	96.37	
容器質量 g		77.97	76.75	78.37	
m_s g		15.54	16.73	18.00	←⑫
土粒子の密度 ρ_s Mg/m³		2.68	2.68	2.67	
平均値 ρ_s Mg/m³		2.68			

5.　結果の整理

(1) 表-3.1 より密度測定時の水温 T_1℃ およびピクノメーター検定時の水温 T_2℃ の蒸留水の密度 $\rho_w(T_1)$, $\rho_w(T_2)$ を読みとる．

表-3.1　蒸留水の密度

温度 (℃)	水の密度 (Mg/m³)	温度 (℃)	水の密度 (Mg/m³)	温度 (℃)	水の密度 (Mg/m³)
4.0	0.99997	16.0	0.99894	28.0	0.99623
5.0	0.99996	17.0	0.99877	29.0	0.99594
6.0	0.99994	18.0	0.99860	30.0	0.99565
7.0	0.99990	19.0	0.99841	31.0	0.99534
8.0	0.99985	20.0	0.99820	32.0	0.99503
9.0	0.99978	21.0	0.99799	33.0	0.99470
10.0	0.99970	22.0	0.99777	34.0	0.99437
11.0	0.99961	23.0	0.99754	35.0	0.99403
12.0	0.99949	24.0	0.99730	36.0	0.99368
13.0	0.99938	25.0	0.99704	37.0	0.99333
14.0	0.99924	26.0	0.99678	38.0	0.99296
15.0	0.99910	27.0	0.99651	39.0	0.99259

> **表 3.1** に載っていない温度の水の密度は p.123 の付表-1 から読み取る．

(2)　T_1℃ における蒸留水を満たしたピクノメーターの質量 $m_a(T_1)$ (g) は，次の式で算出し，四捨五入によって，小数点以下 2 桁に丸める．

$$m_a(T_1) = \frac{\rho_w(T_1)}{\rho_w(T_2)} \times [m_a(T_2) - m_f] + m_f \tag{3.2}$$

> 計算結果は，有効数字 3 桁以上で報告する．

> 式 (3.2) の換算は，検定時と密度測定時のピクノメーター内の水温差による水の密度の補正である．

ここに，

　$m_a(T_2)$：温度(T_2)℃ の蒸留水を満たしたピクノメーターの質量 (g)　(← **4.(1)** ④)

　m_f　：ピクノメーターの質量 (g)　(← **4.(1)** ①)

　T_2：$m_a(T_2)$ をはかったときのピクノメーターの内容物の温度 (℃)　(← **4.(1)** ⑤)

　$\rho_w(T_1)$：T_1℃ における蒸留水の密度 (Mg/m³)

　$\rho_w(T_2)$　：T_2℃ における蒸留水の密度 (Mg/m³)

(3) 土粒子の密度 ρ_s (Mg/m³) は次の式で算出し，四捨五入によって，小数点以下2桁に丸める.

$$\rho_s = \frac{m_s}{m_s + [m_a(T_1) - m_b(T_1)]} \times \rho_w(T_1) \qquad (3.3)$$

ここに，

m_s：炉乾燥試料の質量 (g)（← **4.(2)** ⑫）

$m_b(T_1)$：温度 T_1℃ の蒸留水と試料を満たした
ピクノメーターの質量 (g)（← **4.(2)** ⑦）

T_1：$m_b(T_1)$をはかったときのピクノメーター
の内容物の温度 (℃)（← **4.(2)** ⑧）

(4) 3つの結果の算術平均値を，その試料の土粒
子の密度 ρ_s とする.

式 (3.3) の分母は，土粒子部分と同体積の水の質量を表している．これを密度測定時の温度 T_1℃ における蒸留水の密度 $\rho_w(T_1)$ で割った値が土粒子の体積である．

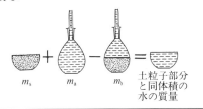

m_s m_a m_b 土粒子部分と同体積の水の質量

1個の結果が他の2つと比較して大きく異なっている場合（異常値）には，その値を除き他の2つの平均値をとる．

試料番号（深さ）		T1-1 (GL-11.00~-11.80m)			T1-2 (GL-14.00~-14.85m)			
ピクノメーター No.		37	38	39	40	41	42	
ピクノメーターの質量 m_f g		77.97	76.75	78.37	77.50	72.87	87	ピクノメーターの検定
(蒸留水＋ピクノメーター) 質量 $m_a(T_a)$ g		134.37	133.40	135.66	136.54	129.24	66	
$m_a(T_a)$をはかったときの蒸留水の温度 T_a ℃		20.2	20.2	20.2	20.2	2	2	
T_a℃ における蒸留水の密度 $\rho_w(T_a)$ Mg/m³					0.99816	0.99816	99816	←表3.1
(試料＋蒸留水＋ピクノメーター) 質量 $m_b(T_1)$ g		144.13	143.90	146.95	142.85	135.46	27	
$m_b(T_1)$をはかったときの内容物の温度 T_1 ℃		19.7	19.7	19.7	19.7	19.7	19.7	
T_1℃ における蒸留水の密度 $\rho_w(T_1)$ Mg/m³		0.99826	0.99826	0.9982	0.99826	0.99826	←表3.1	
温度T_1℃の蒸留水を満たしたときの (蒸留水＋ピクノメーター) 質量 $m_a(T_1)$ g		134.38	133.41	135.67	25	67	←式 (3.2)	密度の測定
試料の炉乾燥質量	容器 No.	37	38	39	40	41	2	
	(炉乾燥試料＋容器) 質量 g	93.51	93.48	96.37	87.50	82.70	74	
	容器質量 g	77.97	76.75	78.37	77.50	72.87	74.87	
	m_s g	15.54	16.73	18.00	10.00	9.83	8.87	
土粒子の密度 ρ_s Mg/m³		2.68	2.68	2.67	2.70	2.71	2.71	←式 (3.3)
平均値 ρ_s Mg/m³			2.68			2.71		

6. 結果の利用と関連知識

(1) 土粒子の密度は，土粒子を構成する鉱物組成により異なるが，一般に有機物を多く含む土ほど小さくなる．土を構成する主な鉱物と代表的な土質における土粒子の密度の測定例を**表-3.2**に示す．

表-3.2 主な鉱物と代表的な土質における土粒子の密度の測定例 [1)]

鉱物名	密度 ρ_s (Mg/m³)	土質名	密度 ρ_s (Mg/m³)
石英	2.6~2.7	豊浦砂	2.64
長石	2.5~2.8	沖積砂質土	2.6~2.8
雲母	2.7~3.2	沖積粘性土	2.50~2.75
角閃石	2.9~3.5	洪積砂質土	2.6~2.8
輝石	2.8~3.7	洪積粘性土	2.50~2.75
磁鉄鉱	5.1~5.2	泥炭（ピート）	1.4~2.3
クロライト	2.6~3.0	関東ローム	2.7~3.0
イライト	2.6~2.7	まさ土	2.6~2.8
カオリナイト	2.5~2.7	しらす	1.8~2.4
モンモリロナイト	2.0~2.4	黒ぼく	2.3~2.6

(2) 土粒子の密度は次に示すような土の状態を表す諸量の算定に利用されている.

① 土の状態を表す間隙比 e，飽和度 S_r を求めるのに用いられる.

② 粒度試験において沈降分析の結果から土粒子の粒径 d を計算するのに用いられる.

③ 締固め試験の整理において，ゼロ空気間隙曲線や飽和度一定曲線を描くのに用いられる.

④ 圧密試験において体積比 f や間隙比 e を求めるのに必要な土粒子部分の実質高さ H_s の計算に用いられる.

7. 設問

(1) この試験において，先の細い形のピクノメーターを利用するのはなぜか．

(2) 試験中に湯せんをするのはなぜか．

(3) 湯せんを十分にしておかないと土粒子の密度の値にどのような影響がでるか．

(4) 式 (3.3) の分母 $(m_s + (m_a(T_1) - m_b(T_1)))$ は，何を求めているのか．

(5) 沖積粘性土の土粒子の密度は，一般にいくらぐらいといえるか．

(6) 土粒子の密度は，どのようなところに利用されるのか．

引用・参考文献

1) 嘉門雅史・浅川美利：土の力学(1)，技報堂出版，p.15, 1988.

JIS A 1202 / JGS 0111	土 粒 子 の 密 度 試 験（検定，測定）					

調査件名 〇〇地区の地盤調査　　試験年月日 2020.8.8

用いた規格，基準番号を選択する。　　試験者 野口翔平

試 料 番 号（深 さ）		T1-1 (GL-11.00～-11.80m)			T1-2 (GL-14.00～-14.25m)		
ピ ク ノ メ ー タ ー No.		37	38	39	40	41	42
ピクノメーターの質量	m_f g	77.97	76.75	78.37	77.50	72.87	74.87
(蒸留水+ピクノメーター)質量	$m_a(T_2)$ g	134.37	133.40	135.66	136.54	129.24	131.66
$m_a(T_2)$をはかったときの蒸留水の温度	T_2 ℃	20.2	20.2	20.2	20.2	20.2	20.2
T_2℃における蒸留水の密度 $\rho_w(T_2)$Mg/m³		0.99816	0.99816	0.99816	0.99816	0.99816	0.99816
(試料+蒸留水+ピクノメーター)質量	$m_b(T_1)$ g	144.13	143.90	146.95	142.85	135.46	137.27
$m_b(T_1)$をはかったときの内容物の温度	T_1 ℃	19.7	19.7	19.7	19.7	19.7	19.7
T_1℃における蒸留水の密度 $\rho_w(T_1)$Mg/m³		0.99826	0.99826	0.99826	0.99826	0.99826	0.99826
温度T_1℃の蒸留水を満たしたときの(蒸留水+ピクノメーター)質量	$m_a(T_1)$ g	134.38	133.41	135.67	136.55	129.25	131.67
試 料 の 炉乾燥質量	容 器 No.	37	38	39	40	41	42
	(炉乾燥試料+容器)質量 g	93.51	93.48	96.37	87.50	82.70	83.74
	容 器 質 量 g	77.97	76.75	78.37	77.50	72.87	74.87
	m_s g	15.54	16.73	18.00	10.00	9.83	8.87
土 粒 子 の 密 度	ρ_s Mg/m³	2.68	2.68	2.67	2.70	2.71	2.71
平 均 値	ρ_s Mg/m³	2.68			2.71		

ピクノメーターの検定

炉乾燥試料をピクノメーターに入れて測定。

密度の測定

試 料 番 号（深 さ）		T2-1 (GL-8.00～-8.70m)			T2-2 (GL-10.00～-10.75m)		
ピ ク ノ メ ー タ ー No.		43	44	45	46	47	48
ピクノメーターの質量	m_f g	77.22	74.37	70.33	74.84	75.84	75.94
(蒸留水+ピクノメーター)質量	$m_a(T_2)$ g	133.50	131.56	131.40	131.11	133.56	132.82
$m_a(T_2)$をはかったときの蒸留水の温度	T_2 ℃	20.2	20.2	20.2	20.2	20.2	20.2
T_2℃における蒸留水の密度 $\rho_w(T_2)$Mg/m³		0.99816	0.99816	0.99816	0.99816	0.99816	0.99816
(試料+蒸留水+ピクノメーター)質量	$m_b(T_1)$ g	146.26	143.06	143.66	143.24	146.17	144.08
$m_b(T_1)$をはかったときの内容物の温度	T_1 ℃	19.8	19.7	19.8	19.6	19.5	19.4
T_1℃における蒸留水の密度 $\rho_w(T_1)$Mg/m³		0.99824	0.99826	0.99824	0.99828	0.99830	0.99832
温度T_1℃の蒸留水を満たしたときの(蒸留水+ピクノメーター)質量	$m_a(T_1)$ g	133.50	133.57	131.40	131.12	133.57	132.83
試 料 の 炉乾燥質量	容 器 No.	43	44	45	46	47	48
	(炉乾燥試料+容器)質量 g	97.65	92.78	89.96	94.17	95.96	93.87
	容 器 質 量 g	77.22	74.37	70.33	74.84	75.84	75.94
	m_s g	20.43	18.41	19.63	19.33	20.12	17.93
土 粒 子 の 密 度	ρ_s Mg/m³	2.66	2.66	2.66	2.68	2.67	2.68
平 均 値	ρ_s Mg/m³	2.66			2.68		

m_b測定後，全量を容器に移し炉乾燥。

特記事項

T1-1
T1-2 　炉乾燥試料を用いた。

T2-1
T2-2 　自然含水状態の試料を用いた。

T2-2は9.5mm以上れき分を取り除いた試料で，そのれき分は4%であった。

$$m_a(T_1) = \frac{\rho_w(T_1)}{\rho_w(T_2)}[m_a(T_2) - m_f] + m_f$$

$$\rho_s = \frac{m_s}{m_s + [m_a(T_1) - m_b(T_1)]}\rho_w(T_1)$$

第4章　土の湿潤密度試験

1．試験の目的

　土の湿潤密度 ρ_t (Mg/m³［メガグラム／立方メートル］) とは，土全体の単位体積 (1 m³) あたりの質量をいい，土全体の体積，質量をそれぞれ m (g)，V (mm³) とすれば次式で求められる．

$$\rho_t = \frac{m}{V} \times 10^3 \quad \text{(Mg/m}^3)$$

　（注）1 (g)$=10^{-6}$ (Mg)，1 (mm³)$=10^{-9}$ (m³)

> ノギス法：ノギスを用い，精度よく供試体の寸法を測定して体積を求める方法．通常，一軸圧縮試験，三軸圧縮試験のための円柱供試体の寸法を測定することが多い．
> パラフィン法：試料の周りにパラフィン（ろう）をぬり，試料の浮力を測定して体積を求める方法．円柱供試体に成形できない場合に用いる．

　この試験は，乱さない状態で自立する塊状の土を対象として，土の湿潤密度を求めることを目的とする．土の湿潤密度測定方法には，土全体の体積 V を測定する方法の違いによって，ノギス法，パラフィン法の 2 種類がある．本章ではノギス法について説明する．

　土の湿潤密度 ρ_t (Mg/m³) は，土の状態を表す最も基本的な値の一つであり，乾燥密度 ρ_d (Mg/m³)，間隙比 e，飽和度 S_r (%) などの土の状態を表す諸量を求める上で必要な値である．

　この試験は，JIS A 1225「土の湿潤密度試験方法」によって規定されている．

2．試験器具

① 供試体作製器具

　　トリマー，マイターボックス，ワイヤーソー，直ナイフ

② はかり：**表-4.1** の最小読取値のもの．

③ 含水比測定器具：**第 2 章**「土の含水比試験」参照

　　シャーレ，蒸発皿，恒温乾燥炉，るつぼばさみ，耐熱手袋，デシケーター

④ ノギス：最小読取値が 0.05 mm 以下のもの．

表-4.1　はかりの最小読取値

試料質量(g)	最小読取値(g)
100 未満	0.01
100 以上 1 000 未満	0.1
1 000 以上	1

3．試料の準備および供試体の作製

(1)　試料の準備

　乱さない状態で採取された自立する塊状の土を用いる．例えば，サンプリングチューブから押し出したもの，またはブロックサンプリングによって得られたものを試料とする．

(2)　供試体の形状

　この供試体の形状は円柱状とする（引き続き一軸圧縮試験や三軸圧縮試験を行うときには下図の寸法とする）．

> この供試体を一軸または三軸圧縮試験に用いる場合では，直径は 35 mm または 50 mm で，高さは，一軸圧縮試験の場合，直径の 1.8～2.5 倍，三軸圧縮試験の場合，2.0 倍以上とする．一軸または三軸圧縮試験を行う場合，サンプリングチューブから抜き出した試料は，用いる供試体寸法より長く切り出したものでなければならない．

35 mm または 50 mm

直径の 1.8～2.5 倍

(3)　供試体の作製

① トリマーの調整板を供試体が所定の直径となるように調整する．

② 試料をトリマーにセットする．

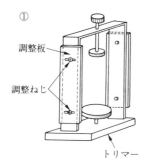
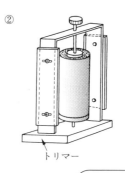

③ ワイヤーソーまたは直ナイフで周面を削り取り，円柱形に成形する．
最後の仕上げは，ワイヤーソーまたは直ナイフを調整板に沿って，
上から下へすべらせて削り取る．

④ 円柱形になった試料をマイターボックスに入れ，マイターボック
スの端面に沿ってワイヤーソーまたは直ナイフで削り取り，平面
に仕上げる．

> 供試体の作製は，試料の含水比
> を変化させないように手際よく
> 行い，また試料に乱れを与えな
> いように十分注意する．削りく
> ずは，含水比測定のため，含水比
> が変化しないよう保存する．

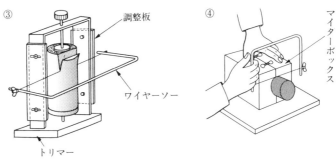

4. 試験方法

① 供試体の質量 m (g) を求める．

② ノギスを用いて，供試体の直径は上，中，下のそれぞれの
位置で直交する2方向を測り，また，高さは円周を3等分
した3か所以上のそれぞれの位置で測り，平均直径 D (mm)
および高さ H (mm) を求める．

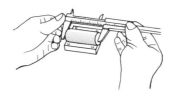

供　試　体 No.			1	
供試体の質量 m		g	105.60	← ①
供試体体積	直径	上部 mm	35.55	
			35.60	
		中部 mm	36.00	
			35.90	
		下部 mm	35.85	
			35.90	
		平均値 D mm	35.80	← ②
	高さ	mm	79.95	
			80.00	
			79.95	
		平均値 H mm	79.97	
	体積 $V = (\pi D^2/4)H$ mm³		8.05×10^4	← 式 (4.1)
含水比	容器 No.		201	
	m_a	g	87.10	
	m_b	g	60.83	
	m_c	g	35.80	
	w	%	105.0	
	容器 No.		202	← ③
	m_a	g	74.88	
	m_b	g	53.98	
	m_c	g	34.30	
	w	%	106.2	
	平均値 w	%	105.6	

③削りくずの中から，供試体を代表する 2 個
の試料をとり，含水比 w (%) を求める
（**第 2 章**「土の含水比試験」参照）．

削りくず

乾燥させ,含水比 w
を求める

> ノギスを用いる場合，試料にノギスを食い込ませないこと．
> 供試体の直径，高さとも数カ所の測定を行うのは，成形して
> も完全な円柱形にはならないため，平均的な値を求めて，こ
> れを供試体の直径と高さとするためである．

> 含水比の測定試料はできるだけ供試体に近い部分から取り
> 出し，含水比が変化しないように手際よく速やかに測定する．
> 体積測定後に供試体を炉乾燥して含水比を求めてもよい．

5.　結果の整理

(1)　供試体の体積

供試体の体積 V (mm³) を次式で求める．

$$V = \frac{\pi}{4} D^2 H \quad (\text{mm}^3) \qquad (4.1)$$

ここに，D：供試体の平均直径（mm）（← **4**.②），H：供試体の平均高さ（mm）（← **4**.②）

(2)　供試体の湿潤密度

供試体の湿潤密度 ρ_t (Mg/m³) を次の式を用いて算
出し，四捨五入によって小数点以下 2 桁に丸める．

$$\rho_t = \frac{m}{V} \times 10^3 \quad (\text{Mg/m}^3) \qquad (4.2)$$

ここに，m：供試体の質量（g）（← **4**.①）
　　　　V：供試体の体積（mm³）（←式 (4.1)）

湿潤密度 $\rho_t = (m/V) \times 10^3$	Mg/m³	1.31	←式 (4.2)
乾燥密度 $\rho_d = \rho_t / (1 + w/100)$	Mg/m³		
間隙比 $e = (\rho_s / \rho_d) - 1$			
飽和度 $S_r = w \rho_s / (e \rho_w)$	%		
土粒子の密度 ρ_s	Mg/m³		
平均値 ρ_d	Mg/m³		

必要に応じて供試体の乾燥密度 ρ_d (Mg/m³)，間隙比 e，飽和度 S_r (%) を報告する．

6.　結果の利用と関連知識

(1)　土の構成図

一般に土の状態は，水，空気，土粒子の割合で表される．土の状態を単純化して表せば**図-4.1 (a)** のように
なる．これらの割合を数量化するために土を模式的に表したものが**図-4.1 (b)** に示したもので，これを
土の構成図という．土の状態は，土を土粒子，水，空気の部分に分けて考え，それらの体積，質量を土質
試験により求め，それぞれの割合を数値化して表される．

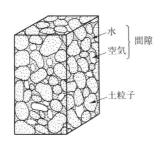

水　間隙
空気
土粒子

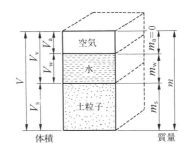

(a) 体積 V，質量 m の土試料

V, m：土の全体積および全質量
V_v：間隙の体積

(b) 土試料中の土粒子・水・空気の各部を
まとめて模式的に表した場合

V_a, m_a：間隙中の空気の体積および質量
V_w, m_w：間隙中の水の体積および質量
V_s, m_s：土粒子だけの体積および質量

図-4.1　模式的に表した土の構成図

(2) 乾燥密度, 間隙比および飽和度

湿潤密度 ρ_t を求めることによってその試料の含水比 w の値からその土の乾燥密度 ρ_d が, そして土粒子の密度 ρ_s がわかっている場合には, 間隙比 e と飽和度 S_r がそれぞれ計算によって求められる. 次式に乾燥密度 ρ_d, 間隙比 e および飽和度 S_r の算定の求め方を示す.

①乾燥密度
$$\rho_d = \frac{m_s}{V} \times 10^3 = \frac{m}{V} \frac{m_s}{m} \times 10^3 = \frac{\frac{m}{V} \times 10^3}{1 + \frac{m_w}{m_s}}$$
$$= \frac{\rho_t}{1 + \frac{w}{100}} \quad (\text{Mg/m}^3) \tag{4.3}$$

②間隙比
$$e = \frac{V_v}{V_s} = \frac{V - V_s}{V_s} = \frac{\frac{V}{m_s}}{\frac{V_s}{m_s}} - 1 = \frac{\frac{1}{\rho_d}}{\frac{1}{\rho_s}} - 1 = \frac{\rho_s}{\rho_d} - 1 \tag{4.4}$$

③飽和度
$$S_r = \frac{V_w}{V_v} \times 100 = \frac{\frac{V_w}{V_s}}{\frac{V_v}{V_s}} \times 100 = \frac{\frac{m_s}{V_s} \frac{m_w}{m_s} \times 100 \frac{V_w}{m_w}}{\frac{V_s}{V_v}}$$
$$= \frac{w \rho_s}{e \rho_w} \quad (\%) \tag{4.5}$$

ここに, ρ_w : 水の密度 (Mg/m^3)

> 式 (4.3) は, 湿潤密度 ρ_t と含水比 w を求めることで乾燥密度 ρ_d が求められることを示している.
> 式 (4.4) (4.5) から, 完全に飽和している土 $(S_r = 100\%)$ であれば湿潤密度 ρ_t を求めなくても, 含水比 w を求めれば, 乾燥密度 ρ_d を求められることがわかる.

(3) 湿潤密度と乾燥密度

湿潤密度 ρ_t の値は, 原位置において間隙中の水の動きやその他の環境の変化により変動する. また, 含水比 w とも関連して, その地盤の状態を反映したものである.

湿潤密度 ρ_t は単位体積あたりの土粒子の質量と含有水の質量を加えた全質量を考えるのに対し, 乾燥密度 ρ_d は, 水の量には関係なく, 単位体積当たりの土粒子の質量のみを考える密度である. いずれも, 土の締り具合や構造などの状態を表す基本的かつ最も簡単な量として用いられている. その利用には以下のようなものが挙げられる.

①一般に密度が高いことは, 地盤が固くよく締まっていること, 逆に密度が低いことは, 軟弱で緩い地盤であることを示している. また, 密度がきわめて小さいことは, 有機物を多く含むきわめて軟らかい粘土であることを意味するなど有益な情報となる.

②湿潤密度 ρ_t は土構造物等の設計において, 斜面の安定と土圧計算における土の重量算定, 基礎地盤の支持力と沈下計算における有効土被り圧の算定などに利用される.

③乾燥密度 ρ_d は, 土がよく締め固まったかどうかを示す指標として, 締固め度の判定などに用いられる. (乾燥密度 ρ_d は, 間隙水が土の体積変化を伴わずに完全に排除されたとする飽和度 $S_r = 0\%$ と仮想した状態を意味し, 計算によってのみ求めることができる値である.)

わが国における土の湿潤密度 ρ_t, 乾燥密度 ρ_d, および含水比 w の値は, 土の種類によって, おおよそ表-4.2 に示すような範囲であることが多い.

表-4.2 わが国における土の密度と含水比のおおよその値 [1]

	沖積層		洪積層	関 東	高有機
	粘性土	砂質土	粘性土	ロ ー ム	質 土
湿潤密度 ρ_t (Mg/m³)	1.2〜1.8	1.6〜2.0	1.6〜2.0	1.2〜1.5	0.8〜1.3
乾燥密度 ρ_d (Mg/m³)	0.5〜1.4	1.2〜1.8	1.1〜1.6	0.6〜0.7	0.1〜0.6
含水比 w (%)	30〜150	10〜30	20〜40	80〜180	80〜1 200

7.　設問

(1)　トリマーに調整板が必ずついているが，これはどのような役目をするのか.

(2)　土の湿潤密度の値は，どのようなことに利用されるか.

(3)　供試体の直径や高さは，複数回測定を行い，その平均値を使用しているが，これはなぜか.

(4)　ある乱さない土試料の体積と質量を測定したところ，それぞれ，$196.35 \times 10^3 \, \text{mm}^3$，$281.76 \, \text{g}$ であった. また，この試料の炉乾燥後の質量は $150.12 \, \text{g}$ になった. 土粒子の密度 $\rho_s = 2.60 \, \text{Mg/m}^3$ である. この土試料の含水比 w，湿潤密度 ρ_t，乾燥密度 ρ_d，間隙比 e，飽和度 S_r を求めよ.

引用・参考文献

1)　地盤工学会編：地盤材料試験の方法と解説［第一回改訂版］，p. 199-209, 2020.

JIS A 1225 JGS 0191	土 の 湿 潤 密 度 試 験（ノギス法）用いた規格，基準番号を選択する.				
調査件名　△△地区宅地造成地質調査			試験年月日　2020.7.1		
試料番号（深さ）　S2-1 (GL-1.00～-1.50m)			試験者　相田友子		
供試体 No.	1	2	3	4	5
供試体の質量　m　g	105.60	107.10	103.30	101.80	106.00
供試体 直径 上部 mm	35.55 / 35.60	35.95 / 35.90	35.10 / 35.20	34.90 / 35.20	35.50 / 35.45
中部 mm	36.00 / 35.90	35.95 / 35.85	35.05 / 34.85	35.15 / 35.35	35.55 / 35.25
下部 mm	35.85 / 35.90	35.95 / 36.05	35.25 / 35.10	35.45 / 35.30	35.05 / 35.25
平均値 D mm	35.80	35.93	35.09	35.23	35.34
高さ mm	79.95 / 80.00 / 79.95	79.90 / 79.90 / 79.95	80.05 / 80.15 / 80.10	80.10 / 79.95 / 80.00	80.25 / 80.00 / 80.10
平均値 H mm	79.97	79.92	80.10	80.02	80.12
体積 $V = (\pi D^2/4)H$ mm³	8.05×10^4	8.10×10^4	7.75×10^4	7.80×10^4	7.86×10^4
含水比 容器 No.	201	203	205	207	209
m_a g	87.10	89.49	76.78	91.61	90.26
m_b g	60.83	65.93	57.33	67.62	66.01
m_c g	35.80	41.32	37.49	43.21	43.03
w %	105.0	95.73	98.03	98.28	105.5
容器 No.	202	204	206	208	210
m_a g	74.88	82.01	90.65	82.32	80.00
m_b g	53.98	58.63	64.02	58.46	57.26
m_c g	34.30	35.27	37.77	35.01	36.15
w %	106.2	100.1	101.4	101.7	107.7
平均値 w %	105.6	97.9	99.7	100.0	106.6
湿潤密度 $\rho_t = (m/V) \times 10^3$ Mg/m³	1.31	1.32	1.33	1.31	1.35
乾燥密度 $\rho_d = \rho_t/(1+w/100)$ Mg/m³	0.64	0.67	0.67	0.66	0.65
間隙比 $e = (\rho_s/\rho_d)-1$	3.11	ρ_sが既知の場合は必要に応じて記入する.		2.98	3.05
飽和度 $S_r = w\rho_s/(e\rho_w)$ %	89.3			88.3	91.9
土粒子の密度 ρ_s Mg/m³	2.63	平均値 w %	102.0	平均値 ρ_t Mg/m³	1.32
平均値 ρ_d Mg/m³	0.66	平均値 e	3.00	平均値 S_r %	89.4

特記事項
　土質名：火山灰質粘性土
　飽和度 S_rは $\rho_w = 1.0 \text{g/cm}^3$ として計算した.

第 5 章　土の粒度試験

1.　試験の目的

　土は大小さまざまな土粒子が混ざり合ってできている．土粒子は，れき（礫）や砂などのように粒の大きなものから，粘土のように非常に小さなものまでいろいろあり，粒径によって**図-5.1** のように区分されている．

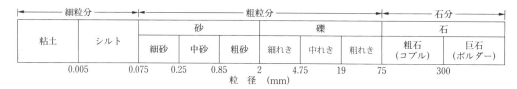

図-5.1　地盤材料の粒径区分とその呼び名

　土粒子の粒径別の含有割合を粒度といい，この分布状態は全質量に対する粒径別の質量分率を用いて表される．

　この試験は土の粒度を求めることを目的としている．粒度試験は高有機質土以外の土を対象とする．土を構成する粒径の範囲が広いため，試験は 75 μm（0.075 mm）ふるいに残留した土粒子についてはふるい分析により，75 μm ふるいを通過した土粒子については沈降分析により行う．

　ある土の粒度がわかると，その土が砂質土であるか粘性土であるかなど，地盤材料の工学的分類ができる．土を分類することによって，材料土としての適性が判別できる．この試験は，JIS A 1204「土の粒度試験方法」によって規定されている．

> ふるい分析によるときは，粒径の測定値はふるいの呼び径（網の開き目の寸法）で表され，これは土粒子の形状に影響される．沈降分析によるときは，ストークスの法則に基づいているため，測定値は土粒子を球形と仮定した場合の直径で表される．

> 地盤材料の工学的分類には，粒度試験のデータとともに，**第 6 章**の液性限界・塑性限界試験のデータが必要である．

2.　試験器具および試薬

① 金属製網ふるい（JIS Z 8801-1 に規定されている金属製網ふるいであること）

　　目開き　75 μm，106 μm，250 μm，425 μm，850 μm，2 mm，4.75 mm，9.5 mm，19 mm，26.5 mm，37.5 mm，53 mm，75 mm

② 分散装置　　　　　③ 浮ひょう　　　　　④ 恒温水槽　　　　　⑤ 過酸化水素 6%溶液

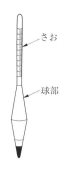

（劇薬であるので取扱いに注意すること）

⑥ 分散剤（ヘキサメタりん酸ナトリウム溶液）

⑦ はかり（**表-4.1**（p.21）に示す最小読取値をもつもの）

⑧ メスシリンダー（内径が約 60 mm で呼び容量 1 000 mL を示す目盛
線が刻まれているもの，および呼び容量 250 mL のもの）

⑨ ビーカー（呼び容量が 500 mL のもの）

⑩ 時計またはストップウォッチ

⑪ 蒸留水および注水びん

⑫ 温度計（0.1 ℃ まで判読できるもの）

⑬ ノギス（最小読取り値が 0.05 mm 以下のもの）

⑭ ときほぐし器具

⑮ ゴムへら

⑯ 含水比測定器具（**第 2 章**「土の含水比試験」参照）

> 分散剤は分散装置で個々の粒子に分散した後，それらの粒子が互いにくっつかないように分散を保つためのものである．
> ヘキサメタりん酸ナトリウム約 20 g を 20℃ の蒸留水 100 mL によく溶かし，結晶の一部が容器の底に残っている状態のものを用いる．分散剤は，ピロりん酸ナトリウム溶液，トリポリりん酸ナトリウム溶液でもよい．

3.　試料の準備

① 試験に必要な試料は，**第 1 章**「5. 乱した土の試料調製」の非乾燥法，または空気乾燥法により準備する．

> まさ土のように破砕しやすい土，関東ロームのように分散しにくい土は取り扱いに注意する．

> 湿った粘性土では，適量の水を加え，第 1 章「5. 乱した土の試料調製」の裏ごし法 (p.9) により試料を調製する．

② 試料の最大粒径に応じて，試験に必要な量を**表-5.1** を目安にして分取し，準備する．

③ 準備した試料をよく混合し，その中から約 1/4 を取り，含水比 w (%) を求める．

④ 残りの全試料の質量 m (g) をはかり，粒度試験用の試料とする．

⑤ 全試料を 2 mm ふるいでふるい，通過分と残留分とに分け，それぞれ保存する．

　・2 mm ふるい残留分については 4.1 の作業へ進む

　・2 mm ふるい通過分については 4.2 の作業へ進む

表-5.1　分取する試料の質量の目安

試料の最大粒径 (mm)	試料質量
75	30 kg
37.5	6 kg
19	1.5 kg
4.75	400 g
2	200 g

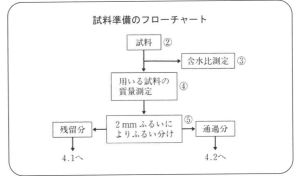

試料準備のフローチャート

4.　試験方法

4.1　2 mm ふるい残留分に対するふるい分析

試料の準備で 2 mm ふるいに残留した分について以下の作業を行う．

　① 2 mm ふるいの上で水洗いを行い，土塊に付着している細粒分を洗い流す．

② ふるいに残留した試料を(110 ± 5)℃ で一定質量になるまで炉乾燥する.

③ 炉乾燥した全質量 m_{s0} (g) を測定する.

④ 金属製網ふるい 75, 53, 37.5, 26.5, 19, 9.5, 4.75 mm の各ふるいを用いてふるい分けを行う. ふるい分けは, 上下および水平に十分振動させる.

> 試料が絶えずふるい全面に広がるように注意しながら振動させる. 連続した 1 分間のふるい分けで, ひとつひとつのふるいに対して, 通過分が残留分の 1%以下になるまで続ける.

⑤ 各ふるいに残留した試料の質量 m (d) (g) を測定する. また, 4.75 mm ふるいを通過した試料の質量を測定し, 2 mm ふるいに残留した試料の質量 m (2) (g) とする.

ふるい	容器No.	(残留試料+ 容器)質量	容 器 質 量	残留試料質量 $m(d)$
mm		g	g	g
75				
53	51	2690	1222	1468
37.5	52	3776	1226	2550
26.5	53	4245	1231	3014
19	54	4580	1219	3361
9.5	55	8139	1223	6916
4.75	56	5787	1227	4560
2	57	5826	1229	4597

4.2　2 mm ふるい通過分に対する沈降分析

2 mm ふるい通過分に対する試験の順序は次のようになる.

① 通過試料について土粒子の密度 ρ_s を求める. (**第 3 章**「土粒子の密度試験」による).

② 通過試料について塑性指数 I_p を求める (**第 6 章**「土の液性限界・塑性限界試験」による).

③ 使用する浮ひょうの検定をしておく. **((1)** の作業)

④ 沈降分析に用いる試料の準備をする. **((2)** の作業)

⑤ 塑性指数 I_p の値に基づいて試料の分散を行う. **((3)** の作業)

⑥ 分散後の試料の沈降分析を行う. **((4)** の作業)

⑦ 沈降分析後の試料を 75 μm ふるいにより水洗いし, その残留した試料のふるい分けを行う. (**4.3** の作業)

(1)　浮ひょうの検定

① 浮ひょうを蒸留水の中に浮かべ, メニスカスの上端 r_U および下端 r_L を読み取り, メニスカス補正値 $C_m = (r_L - r_U)$ を求める.

> 浮ひょうのさおの部分は試験を行う前にアルコールまたは洗剤などで洗っておく.

> 浮ひょうを水中に入れると①の図のようなメニスカス (水面上昇) ができる. 正しい読みは水面と同じ高さであるが, 懸濁液は濁っているために正しい読みが取れない. そのため, 測定時はメニスカスの上端で値を読み取る. このとき, 懸濁液の比重をメニスカスの分だけ小さく読み取っているため, 後でメニスカス補正値 Cm を加える.

①

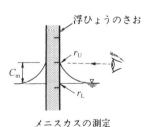

メニスカスの測定

② 浮ひょうの球部を，呼び容量 250 mL のメスシリンダーの水に浸し，その

　前後の水位差から球部の体積 V_B (mm³) を 1000 mm³(=1 cm³)まで求める.

> 浮ひょうの球部とは，さおとの接合面までをいう.

③ 浮ひょう球部の長さ L_B (mm) をノギスを用いて 0.1 mm まではかる

④ 浮ひょう球部の上端から目盛線 1.000 までの長さ l_1 (mm) を 0.1 mm まではかる.

⑤ 浮ひょう球部の上端から目盛線 1.050 までの長さ l_2 (mm) を 0.1 mm まではかる.

⑥ 沈降分析に用いる呼び容量 1 000 mL のメスシリンダーの内径をはかり，断面積 A (mm²) を 1 mm²

　の単位まで求める.

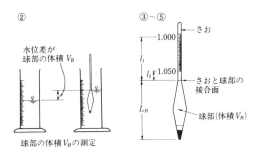

球部の体積 V_B の測定

以上の測定結果を**表-5.2** に書き込んでまとめておくと便利である.

表-5.2　浮ひょう定数の測定

メニスカス補正値 C_m	
浮ひょう球部の体積 V_B （mm³）	
浮ひょう球部の長さ L_B （mm）	
浮ひょう球部の上端から目盛線 1.000 までの長さ l_1 （mm）	
浮ひょう球部の上端から目盛線 1.050 までの長さ l_2 （mm）	

(2)　試料の準備

① 2 mm ふるいを通過した試料から，炉乾燥質量で，砂質土系の土では 115 g 程度，粘性土系の土では

　65 g 程度を取る.

② 取った試料をよく混合し，その約 1/4 程度の量をとり，含水比 w_1 (%) を求める.

③ 残りの試料の質量 m_1 (g) をはかり，そのすべてを沈降分析用の試料とする.

(3)　試料の分散

(A)　試料の塑性指数 I_p が 20 未満のとき

① ビーカーに質量 m_1 (g) の試料を入れる.

② 蒸留水を加え一様にかき混ぜ，試料が完全に水に浸るようにする.

③ 15 時間以上放置する.

④ ビーカーの内容物をすべて分散容器に移し，蒸留水を加え，その

　全量を約 700 mL にする.

⑤ 分散剤（ヘキサメタりん酸ナトリウム溶液）10 mL 加える.

⑥ 内容物を分散装置で約 1 分間撹拌する.

①～③

ビーカーに蒸留水と試料を入れよくかきまぜて15時間以上放置

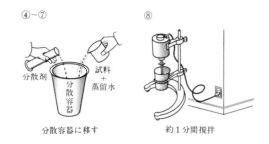

分散容器に移す　　　　　約1分間撹拌

分散の必要性は，75 μm 未満の土粒子は団粒化していることが多いためである．団粒化の原因には物理的要因と化学的要因とがある．物理的要因は脱水による強い凝集力により固まったもの．化学的要因は有機物，コロイド状の酸化金属塩，炭酸塩などによる固結作用や，粒子界面の電荷に起因する凝固作用などによるものである．

（B）試料の塑性指数 I_p が 20 以上のとき

① ビーカーに質量 m_1 (g) の試料を入れる．

② 過酸化水素 6% 溶液を約 100 mL 静かに加え，一様になるようにかき混ぜ，試料が完全に浸るようにする．

③ ビーカーにガラス板などでふたをして，(110±5)℃ に保った恒温乾燥炉に約 1 時間入れておく．

④ 乾燥炉からビーカーを取り出し，約 100 mL の蒸留水を加えて全土粒子が水に浸るようにする．

⑤ 15 時間以上放置する．

⑥ 内容物を分散容器に移し，蒸留水を加え，全容量が約 700 mL になるようにする．

⑦ 分散剤（ヘキサメタりん酸ナトリウム溶液）を 10 mL 加える．

⑧ 内容物を分散装置で約 1 分間撹拌する．

I_p が 20 以上のとき，有機物の影響で団粒化していることが多い．この影響を取り除くため過酸化水素水で処理をしておく．もし，ビーカーの内容物がこぼれた場合は，試料の準備 4.2 (2) ① からやり直す．

③

乾燥炉に入れる

(4) 沈降分析

① 4.2 (3) の作業による分散後，分散容器の内容物を呼び容量 1 000 mL のメスシリンダーに移す．

② 蒸留水を加え全容量を 1 000 mL にする．

③ メスシリンダーを恒温水槽の中または恒温室内に置く．

④ メスシリンダーの内容物の温度が，恒温水槽内の水温または恒温室内の室温と等しくなるまで放置する．その間，土粒子の沈降を防ぐため内容物をときどきガラス棒でかき混ぜ一様にする．

⑤ 温度が等しくなったらメスシリンダーを取り出す．

⑥ メスシリンダーにふたをして，1 分間十分に振とうさせる．

⑦ 振とう終了後，素早くメスシリンダーを静置する．静置した時間が沈降測定の開始時間となる．

⑧ 静置後の経過時間が 1, 2, 5, 15, 30, 60, 240, 1 440 分ごとに浮ひょうを静かに浮かべ，浮ひょうの読み r をメニスカスの上端で 0.0005 単位で読みとる．

⑨ ⑧の測定時間ごとに，懸濁液の温度 T（℃）を 0.1 ℃単位で読み取る．

③～④　　　　　　　　⑥

液温を一定にする　　　振とうさせる

振とうはメスシリンダーを逆さにしたり戻したりして行う．そのとき，内容物は少しも失ってはいけない．

> 沈降分析の途中で土粒子の団粒化がみられた場合は, 沈降分析を 4.2 (3) (A) の⑤または (B) の⑦の作業からやり直す. そのとき, 分散剤の量を多くするか, あるいは別の分散剤を用いる.

> 1 分後と 2 分後の測定では, 浮ひょうをメスシリンダー内に入れたままでよいが, その後の測定では, 懸濁液を乱さないように浮ひょうをそのつど必ず抜き出すこと. また, 浮ひょうに付いた汚れは必ず拭き取ること.

4.3　2mm ふるい通過および 75 μm ふるい残留分に対するふるい分析

① 沈降分析後の, メスシリンダーの内容物のすべてを 75 μm ふるいの上で水洗いをする.

② 細粒分を十分に洗い流し, ふるいに残った試料を蒸発皿に移す.

③ 蒸発皿を (110 ± 5)°C の乾燥炉に入れて, 蒸発皿の試料が一定質量になるまで炉乾燥する.

④ 乾燥後, 炉乾燥した試料を 850 μm, 425 μm, 250 μm, 106 μm および 75 μm の各ふるいで十分にふるい分ける.

⑤ 各ふるいに残留した試料の質量 $m(d_i)$ (g) を測定する.

> 沈降分析を省略するときは
> a. 2 mm ふるいを通過した試料から炉乾燥試料を, 質量は砂質土系では 90 g, シルト質土または粘性土系では 50 g 程度をとる. 4.2 (2) の作業に従い, 含水比 w と, 用いる材料の質重 m_1 を測定しておく.
> b. 試料に蒸留水を加えて, 一様になるようにかき混ぜる.
> c. さらに, 蒸留水を加えて 700 mL にし, 分散装置で約 1 分間攪拌する. その後, 4.3 の作業に入る.

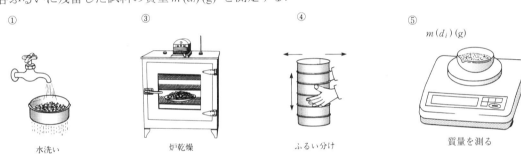

①　③　④　⑤ $m(d_i)$ (g)

水洗い　炉乾燥　ふるい分け　質量を測る

5.　試験結果の整理

5.1　ふるい分析結果に対する粒度の計算

(1) 2 mm ふるい以上のふるいに残留した試料の通過質量分率 $P(d_i)$ (%) を次式で求める.

$$P(d_i) = \left(1 - \frac{\sum m(d_i)}{m_s} \right) \times 100 \quad (\%) \tag{5.1}$$

$$\text{ただし} \quad m_s = \frac{m}{1 + (w/100)} \quad (g) \tag{5.2}$$

ここに,

　　d_i : ふるいの目開き (mm)

　　$P(d_i)$: ふるいの目開き d の各ふるいに対する通過質量分率 (%)

　　m_s : 全試料の炉乾燥質量 (g)

　　m : 全試料の質量 (g) (← **3** ④)

　　w : 全試料の含水比 (%) (← **3** ③)

　　$m(d_i)$: ふるいの目開き d_i の各ふるいに残留した試料の炉乾燥質量 (g) (← **4.1** ⑤)

　　$\sum m(d_i)$: ふるいの目開き d_i 以上のすべてのふるいに残留した試料の炉乾燥質量 (g)

(2) 2 mm ふるいを通過し，75 μm ふるいに残留した試料の通過質量分率 $P(d_i)$ (%) を次の式で求める．

$$P(d_i) = \frac{m_\mathrm{s} - m_\mathrm{s0}}{m_\mathrm{s}} \left(1 - \frac{\sum m(d_i)}{m_\mathrm{s1}} \right) \times 100 \quad (\%) \tag{5.3}$$

ただし

$$m_\mathrm{s1} = \frac{m_1}{1 + (w_1/100)} \quad (\mathrm{g}) \tag{5.4}$$

ここに，

　　　m_s0：2 mm ふるい残留分の炉乾燥質量 (g) （← **4.1** ③）

　　　m_s1：沈降分析用試料の炉乾燥質量 (g)

　　　m_1：沈降分析用試料の質量 (g) （← **4.2 (2)** ③）

　　　w_1：沈降分析用試料の含水比 (%) （← **4.2 (2)** ②）

5.2　沈降分析結果に対する粒度の計算

　沈降分析結果に対する粒度（75 μm ふるいを通過した試料の通過質量分率）は次の順序で計算する．

(1) 有効深さ L の計算

　4.2 (1) の浮ひょうの検定結果より，沈降分析における浮ひょうの読み r のときの有効深さ L (mm) を次の式より算出し，四捨五入によって小数点以下 1 桁に丸める．

$$L = X - Y \times (r + C_\mathrm{m}) \quad (\mathrm{mm}) \tag{5.5}$$

ここに，

$$X = l_1 + \frac{1}{2}\left(L_\mathrm{B} - \frac{V_\mathrm{B}}{A} \right) \quad (\mathrm{mm})$$

$$Y = 20 \times (l_1 - l_2) \quad (\mathrm{mm})$$

　　　A：メスシリンダーの断面積 (mm²)

　　　C_m, V_B, L_B, l_1, l_2：**表-5.2** に記入した浮ひょう定数

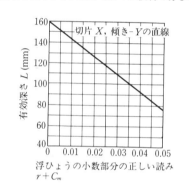

メスシリンダーや浮ひょうが同一のものであるときは，あらかじめ浮ひょうの読みと有効深さの関係を下図のように求めておくと便利である．

（図：縦軸 有効深さ L (mm) 40〜160，横軸 浮ひょうの小数部分の正しい読み $r + C_m$ 0〜0.05．切片 X，傾き $-Y$ の直線）

(2) 粒径 d の計算

　それぞれの浮ひょうの読みに対する粒径 d (mm) が，次の式を用いて算出し，四捨五入によって有効数字 2 桁に丸める．

$$d = \sqrt{\frac{30\eta}{g_\mathrm{n}(\rho_\mathrm{s} - \rho_\mathrm{w})} \times \frac{L}{t} \times \frac{1}{10^5}} \quad (\mathrm{mm}) \tag{5.6}$$

ここで，

　　　t：メスシリンダー静置後，浮ひょう読みを取るまでの経過時間 (min)

　　　L：浮ひょうの読み r に対する浮ひょうの有効深さ (mm)

　　　η：浮ひょうの読みを取ったときの懸濁液の温度 T（℃）に対する水の粘性係数で **p.124 付表-2** に示す値 (mPa·s)

　　　ρ_s：土粒子の密度 (Mg/m³) （← **4.2** ①）

　　　ρ_w：T（℃）に対する水の密度で **p.123 付表-1** に示す値 (Mg/m³)

　　　g_n：標準の重力加速度 (9.80 m/s²)

(3)　通過質量分率 P の計算

75 μm ふるいを通過した試料の通過質量分率 $P(d)$ (%) を次の式により算出し，四捨五入によって小数点以下 1 桁に丸める．

$$P(d) = \frac{(m_s - m_{s0})}{m_s} \times \left\{ \frac{V}{m_{s1}} \times \frac{\rho_s}{\rho_s - \rho_w} \times \rho_w \right\} \times (r + C_m + F) \times 100 \quad (\%) \tag{5.7}$$

ここで，

V：懸濁液の体積（=1 000　mL）

r：浮ひょうの小数部分の読み（メニスカス上端）（← **4.2 (4)** ⑧）

C_m：メニスカス補正値（← **4.2 (1)** ①）

F：**p.125 付表-3** に示す補正係数（浮ひょうの読みを取ったときの懸濁液の温度に対する値）

式 (5.7) の右辺の { } を

$$M = \left\{ \frac{100}{m_{s1}/V} \times \frac{\rho_s}{\rho_s - \rho_w} \times \rho_w \right\} \tag{5.8}$$

とおき，土粒子の密度が与えられ測定時の温度が一定であれば，M の値が定まるので別に求めておく．補正係数 F がわかれば，データシートの (9)，(10) のように簡単に $P(d)$ を求めることができる．

懸濁液は，はじめさまざまな粒子が一様に交じり合っているが，時間が経過すると，大きなと粒子ほど早く沈降する．式 (5.6) の d は，時間 t のとき，L の深さより浅い部分には直径が d より大きな粒子は存在しないことを表している．

深さ L より浅い部分に懸濁している土の通過質量分率 P は式 (5.7) より求められる．

5.3　粒径加積曲線の描画

(1)　片対数グラフ用紙の横軸に対数目盛でふるいの目開き d_i (mm) および浮ひょうの読みに対する粒径 d (mm) を，縦軸に算術目盛で通過質量分率 $P(d_i)$ および $P(d)$ (%) をとり，得られた結果をプロットして，それらを滑らかな曲線で結び，これを粒径加積曲線とする．

(2)　粒径加積曲線から，通過質量分率が 10%，30%，50%，60%のときの粒径 D (mm) を読み取り，それぞれ 10%粒径 D_{10} (mm)，30% 粒径 D_{30} (mm)，50%粒径 D_{50} (mm)，60%粒径 D_{60} (mm) とする．

(3)　粒径加積曲線から，粒径 2 mm，0.425 mm および 0.075 mm に対する通過質量分率を読み取る．

(4)　粒径加積曲線から，次の粒径範囲ごとの質量分率を読み取る．

　　1）19～75 mm の粗れき分 (%)　　　5）0.250～0.850 mm の中砂分 (%)

　　2）4.75～19 mm の中れき分 (%)　　6）0.075～0.250 mm の細砂分 (%)

　　3）2～4.75 mm の細れき分 (%)　　 7）0.005～0.075 mm のシルト分 (%)

　　4）0.850～2 mm の粗砂分 (%)　　　8）0.005 mm 以下の粘土分 (%)

5.4　均等係数，曲率係数の計算

均等係数 U_c，および曲率係数 U'_c を次の式より求める．これらの値は，粒度の状態を知るための指数で，粒径加積曲線の広がりや形状を数値的に表したものである．

$$均等係数 \quad U_c = \frac{D_{60}}{D_{10}} \tag{5.9}$$

均等係数 U_c は，粒径加積曲線の傾きを表したものである．

$$曲率係数 \quad U'_c = \frac{(D_{30})^2}{D_{10} \times D_{60}} \tag{5.10}$$

曲率係数 U'_c は，粒径加積曲線のなだらかさを示したものである．

ここに　D_{10}：10% 粒径

D_{30}：30% 粒径

D_{60}：60% 粒径

6. 結果の利用と関連知識

(1) 粒度の判定

　均等係数 U_c の値が大きくなるほど粒度の範囲が広いことを示している．細粒分 5% 未満の粗粒土に対し，$U_c \geqq 10$ の土は「粒径幅の広い」といい，$U_c < 10$ の土は「分級された」という．一方，曲率係数 U'_c は，粒径加積曲線のなだらかさを示すもので，値が 1〜3 のとき「粒径幅の広い」としている．U'_c は地盤材料の工学的分類において直接使用されるわけではないが，粒状体の詳細な区分が必要となる場合に，粒子形状などの指標とともに活用することもある．**図-5.2** に「粒径幅の広い」例と「分級された」例を示す．

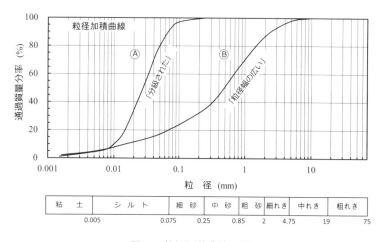

図-5.2 粒径加積曲線の例

図-5.2 に示した例では，試料Ⓐおよび試料Ⓑの均等係数 U_c，曲率係数 U'_c は次のように求まる．

試料Ⓐ：$D_{10} = 0.01$ mm，$D_{30} = 0.018$ mm，$D_{60} = 0.033$ mm

$$U_c = \frac{0.033}{0.01} = 3.3$$

$$U'_c = \frac{0.018^2}{0.01 \times 0.033} = 0.98$$

試料Ⓑ：$D_{10} = 0.015$ mm，$D_{30} = 0.18$ mm，$D_{60} = 0.68$ mm

$$U_c = \frac{0.68}{0.015} = 45.3$$

$$U'_c = \frac{0.18^2}{0.015 \times 0.68} = 3.1$$

(2) 透水性の判断

　砂質土など粗粒の土を対象として，その土の特徴を示す粒径から，透水係数を堆定する方法が古くから用いられている．代表的なものとして，10% 粒径 D_{10} による Hazen（ヘーゼン）の方法と，20% 粒径 D_{20} による Creager（クレーガー）の方法があり，おおよその透水係数が推定できる．

> 土の透水性に影響するのは，その土の細粒分の大きさの程度である．土に含まれる細粒分の大きさの程度は D_{10} や D_{20} によって判断される．

7. 設問

(1) 土の粒度とは何を表しているか説明せよ．

(2) ふるい分析と沈降分析とは土粒子の直径が何 mm で分けられるか．

(3) メニスカス補正を行うのはなぜか．

(4) 沈降分析において，あらかじめ試料を分散しておかなければならないのはなぜか．また，分散剤にはどのようなものがあるか．

(5) 塑性指数 I_p が 20 以上の試料について，過酸化水素 6% 溶液による処理をするのはなぜか．

(6) 均等係数と曲率係数について説明せよ．

(7) 土の粒度試験からわかることは何か．また，その結果はどのようなことに役立つか．

引用・参考文献

1) 地盤工学会編：地盤材料試験の方法と解説［第一回改訂版］，pp. 132–157，2020.

土 の 粒 度 試 験（ふるい分析）

JIS A 1204
JGS 0131

用いた規格, 基準番号を選択する。

調査件名　〇〇地区地盤調査　　　　　　　　試験年月日　2020.8.8

試料番号（深さ）　H1-4（GL±0.00～-1.00m）　　　試験者　山田 昂平

全 試 料				2mmふるい通過試料（沈降分析を行わない場合）		
含水比	容器 No.	600	605	609	含水比	容器 No.	
	m_a　g	6317	6405	6264		m_a　g	
	m_b　g	5518	5664	5504		m_b　g	
	m_w　g	1202	1199	1213		m_w　g	
	w　%	18.5	16.6	17.7		w　%	
平均値 w %			17.6		平均値 w %	

最大粒径75mm以上の試料であるので，含水比試料を含めて約60kgの試料を試験に用いた。

（全試料＋容器）質量	g	50566
容　器（No. A3）質量	g	5129
全 試 料 質 量　m	g	45437
全試料の炉乾燥質量 $m_s = \dfrac{m}{1+w/100}$	g	38637
2mmふるい残留分の水洗い後の試料	（試料＋容器）質量	g	31817
	容器（No.A4）質量	g	5351
	炉乾燥質量 m_{sb}　g	26466

(2mmふるい通過試料＋容器）質量	g	
容　器（No. ）質量	g	
2mmふるい通過試料の質量 m_1	g	
2mmふるい通過試料の炉乾燥質量 $m_{s1} = \dfrac{m_1}{1+w_1/100}$	g	
2mmふるい通過試料の炉乾燥質量比 $\dfrac{m_s - m_{s1}}{m_s}$		

2 mmふるい残留分 m_{sb} のふるい分析

ふるい mm	容器No.	（残留試料＋容器）質量 g	容器質量 g	残留試料質量 $m(d)$ g	加積残留試料質量 $\Sigma m(d)$ g	加積残留率 $\dfrac{\Sigma m(d)}{m_s} \times 100$ %	通過質量分率P(d) $\left(1 - \dfrac{\Sigma m(d)}{m_s}\right) \times 100$ %
75							100
53	51	2690	1222	1468	1468	3.8	96.2
37.5	52	3776	1226	2550	4018	10.4	89.6
26.5	53	4245	1231	3014	7032	18.2	81.8
19	54	4580	1219	3361	10393	26.9	73.1
9.5	55	8139	1223	6916	17309	44.8	55.2
4.75	56	5787	1227	4560	21869	56.6	43.4
2	57	5826	1229	4597	26466	68.5	31.5

2 mmふるい通過分 m_{s1} のふるい分析（沈降分析を行わない場合）

ふるい μm	容器No.	（残留試料＋容器）質量 g	容器質量 g	残留試料質量 $m(d)$ g	加積残留試料質量 $\Sigma m(d)$ g	加積残留率 $\dfrac{\Sigma m(d)}{m_{s1}} \times 100$ %	通過質量分率P(d) $\left(1 - \dfrac{\Sigma m(d)}{m_{s1}}\right) \times 100$ % 通過質量分率 P
850							
425							
250							
106							
75							

特記事項

　試料は75mm以上の石分を含んでおり，石分の粒度試験をあわせて実施している。

（公社）地盤工学会 8341

土 の 粒 度 試 験（2mmふるい通過分分析）

JIS A 1204
JGS 0131

調査件名　〇〇地区地盤調査　　　　　　　　試験年月日　2020.8.8

試料番号（深さ）　H1-4（GL±0.00～-1.00m）　　　試験者　山田 昂平

2 mm ふるい通過試料				土粒子の密度 ρ_s Mg/m³		2.80
含水比	容器 No.	705	713	721	塑性指数 I_p	NP
	m_a　g	23.18	23.12	22.95	分散装置の容器 No.	4
	m_b　g	21.47	21.33	21.16	メスシリンダー No.	2
	m_w　g	11.78	11.77	11.67	浮ひょう No.	16
	w_1　%	17.6	18.7	18.9	メニスカス補正値 C_m	0.0005
平均値 w_1 %			18.4	使用した分散剤		ヘキサメタりん酸ナトリウム溶液

（沈降分析用試料＋容器）質量	g	241.5
容　器（No. B2　）質量	g	154.6
沈降分析用試料の質量 m_1	g	86.9
沈降分析用試料の炉乾燥質量 $m_{s1} = \dfrac{m_1}{1+w_1/100}$	g	73.4

全試料の炉乾燥質量に対する $m_s - m_{s1}$ の比		0.315
2mmふるい通過試料の炉乾燥質量比 $\dfrac{m_{s1}}{m_s}$		
$M = \dfrac{V}{m_{s1}} \cdot \dfrac{\rho_s}{\rho_s - \rho_w} \cdot \rho_w \times 100$		2115

沈 降 分 析

η, ρ_w は測定時の水温に対応。

測定時刻	経過時間 t min	浮ひょうの読み		測定時の水温 ℃	有効深さ L	粒 径 d $\sqrt{\dfrac{30\eta}{\rho_s(\rho_s - \rho_w)} \times \dfrac{1}{10}} \times 10^?$ mm	補正係数 F	加積通過率 $M \times (3) + F$ %	通過質量分率 P(d) $\dfrac{m_s - m_{s1}}{m_s} \times P$ %
		小数部分	$r + C_m$			$(6) \times \sqrt{\dfrac{L}{t}}$			
9:30									
9:31	1	0.0160	0.0165	18.1	145.0	0.0042	0.051	+0.0005	36.0	11.3
9:32	2	0.0145	0.0150	〃	148.3	〃	0.036	〃	32.8	10.3
9:35	5	0.0130	0.0135	〃	151.5	〃	0.023	〃	29.6	9.3
9:45	15	0.0115	0.0120	〃	154.7	〃	0.014	〃	26.4	8.3
10:00	30	0.0100	0.0105	〃	158.0	〃	0.0097	〃	23.3	7.3
10:30	60	0.0080	0.0085	〃	162.3	〃	0.0070	〃	19.0	6.0
13:30	240	0.0065	0.0065	〃	166.6	〃	0.0035	〃	14.8	4.7
9:30	1440	0.0040	0.0045	〃	172.0	〃	0.0015	〃	9.5	3.0

ふるい分析（沈降分析を行う場合）

ふるい μm	容器No.	（残留試料＋容器）質量 g	容器質量 g	残留試料質量 $m(d)$ g	加積残留試料質量 $\Sigma m(d)$ g	加積残留率 $\dfrac{\Sigma m(d)}{m_{s1}} \times 100$ %	加積通過率 $\left(1 - \dfrac{\Sigma m(d)}{m_{s1}}\right) \times 100$ %	通過質量分率P(d) $\dfrac{m_s - m_{s1}}{m_s} \times P$ %
850	71	25.01	12.15	12.86	12.86	17.5	82.5	26.0
425	72	21.86	11.87	9.99	22.85	31.1	68.9	21.7
250	73	19.23	12.03	7.20	30.05	40.9	59.1	18.6
106	74	22.75	11.96	10.79	40.84	55.6	44.4	14.0
75	75	15.58	12.12	3.46	44.30	60.4	39.6	12.5

特記事項

　試料は75mm以上の石分を含んでおり，石分の粒度試験をあわせて実施している。

（公社）地盤工学会 8342

土 の 粒 度 試 験（粒径加積曲線）

JIS A 1204
JGS 0131

調査件名　〇〇地区地盤調査　　　　　　　　試験年月日　2020.8.8

試験者　山田 昂平

試料番号（深さ）	H1-4 (GL±0.00～-1.00m)		B2-6 (GL-21.00～-22.00m)		試料番号（深さ）		H1-4 (GL±0.00～-1.00m)	B2-6 (GL-21.00～-22.00m)
	粒径 mm	通過質量分率%	粒径 mm	通過質量分率%	粗れき分	%	26.9	0
ふるい分析	75	100	75		中れき分	%	29.7	
	53	96.2	53		細れき分	%	11.9	
	37.5	89.6	37.5		粗砂分	%	5.5	
	26.5	81.8	26.5		中砂分	%	7.4	
	19	73.1	19		細砂分	%	6.1	
	9.5	55.2	9.5		シルト分	%	7.2	40.8
	4.75	43.4	4.75		粘土分	%	5.3	39.2
	2	31.5	2		2mmふるい通過質量分率	%	31.5	100
	0.850	26.0	0.850		425μmふるい通過質量分率	%	21.7	100
	0.425	21.7	0.425	100	75μmふるい通過質量分率	%	12.5	80.0
	0.250	18.6	0.250	98.9	最 大 粒 径	mm	75	0.425
	0.106	14.0	0.106	84.4	60 % 粒 径 D_{60}	mm	11.7	0.0199
	0.075	12.5	0.075	80.0	50 % 粒 径 D_{50}	mm	7.25	0.0102
沈降分析	0.051	11.3	0.044	72.4	30 % 粒 径 D_{30}	mm	1.68	0.0020
	0.036	10.3	0.032	66.8	10 % 粒 径 D_{10}	mm	0.0319	—
	0.023	9.3	0.021	60.4	均 等 係 数 U_c		370	—
	0.014	8.3	0.012	52.7	曲 率 係 数 U_c'		7.6	—
	0.0097	7.3	0.0087	47.5	土粒子の密度 ρ_s Mg/m³		2.80	2.71
	0.0070	6.0	0.0063	42.4	使用した分散剤		ヘキサメタりん酸ナトリウム溶液	ヘキサメタりん酸ナトリウム溶液
	0.0035	4.7	0.0032	34.7				
	0.0015	3.0	0.0013	27.0	石 分	%	10.0	

グラフ下に示す粒径区分範囲ごとの質量分率を記入する。

試料に最大粒径75mm以上の石分が含まれる場合は，その質量分率を報告する。

粒径加積曲線

特記事項

　H1-4の試料は75mm以上の石分を含んでおり，石分の粒度試験も実施している。

（公社）地盤工学会 8343

第6章 土の液性限界・塑性限界試験

1. 試験の目的

　粘土やシルトなどの細粒土は含水量の多少によって液状, 塑性状, 半固体状, 固体状の状態に移り変わる. それぞれの状態の境界の含水比を液性限界 w_L, 塑性限界 w_p, 収縮限界 w_s といい, また, これら3つの限界を総称してコンシステンシー限界という.

　この試験は, 土のコンシステンシー限界のうち, 土の液性限界 w_L, 塑性限界 w_p および塑性指数 I_p を求めることを目的としている. この試験の試料としては, 自然含水比状態の土を**第1章**「5. 乱した土の試料調製」の非乾燥法によって調整し, 目開き 425 μm の金属製網ふるいを通過した土を用いる.

　この試験結果は細粒土の物理的性質を直接つかんでおくことや, 細粒土の分類・判別や, 粘性土の力学的性質を推定するのに利用される. また, 盛土や路床の材料土として用いる場合の適否を判断することにも利用される. この試験は JIS A 1205「土の液性限界・塑性限界試験方法」に規定されている.

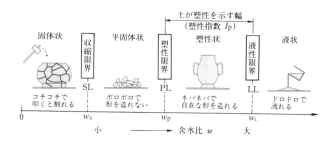

図-6.1 土の状態とコンシステンシー限界

> 液性限界（Liquid Limit）LL：土が液状から塑性状に移る限界の含水比をいう.
> 塑性限界（Plastic Limit）PL：土が塑性状から半固体状に移る境界の含水比をいう.
> 収縮限界（Shrinkage Limit）SL：含水比をある量以下に減じてもその土の体積が減少しない状態の含水比. 土が半固体状を示す最小の含水比をいう.
> 塑性指数（Plasticity Index）I_p：液性限界と塑性限界の差をいう.

2. 試験器具

(1) 液性限界試験器具

① 液性限界測定器
② 溝切りおよびゲージ
③ へら
④ ガラス板
⑤ 霧吹き
⑥ 蒸留水
⑦ 布
⑧ 金属製網ふるい（目開き 425 μm）
⑨ 含水比測定器具
　（**第2章**「土の含水比試験」参照）
⑩ ストップウォッチまたはメトロノーム

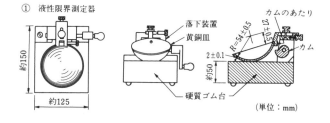

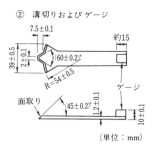

注記：ゲージは, 独立の板状のものでもよい.

測定器の硬質ゴム台の硬さは液性限界の試験結果に影響する．また，ゴム
は年数を経るごとに硬さを増すため，1 年に 1 回程度は硬さを測定して条
件を満たしたものを用いることが大切である．
硬質ゴム台には，JIS K 6253-3 に規定されるスプリング式デュロメータ硬
さ試験機 A タイプによる「硬さ」が 88±5 のものを用いる．

溝切りは，溝切りの先が規格通りである
ことが大切で，先は摩耗するので定期的
にチェックする必要がある．

(1)　塑性限界試験器具

① ガラス板（すりガラス）

② 丸棒（直径 3 mm で長さ 100 mm くらいのもの）

③ 霧吹き

④ 蒸留水

⑤ へら

⑥ 含水比測定器具（**第 2 章**「土の含水比試験」参照）

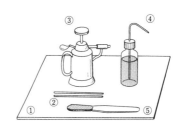

3.　試料の準備

(1)　液性限界試験

①自然含水比状態の土を**第 1 章**「5. 乱した土の試料調製」の非乾燥法によって調整し，目開き 425 μm
の金属製網ふるいを通過した試料を約 200 g 用意する．

②試料をガラス板の上に均等に広げる．

③試料がパテ状になるように，試料の含水比を調整し，十分
に練り合わせる．

パテ状とは，試料に力を加えなくともへら
で薄くのばせるような軟らかさをいう．

(2)　塑性限界試験

① 自然含水比状態の土を**第 1 章**「5. 乱した土の試料調製」の非乾燥法によって調整し，目開き 425 μm
の金属製網ふるいを通過した試料を約 30 g 用意する．

② 試料をガラス板の上に均等に広げる．

③ 試料が団子状になる程度に，試料の含水比を調整し十分に練り合わせる．

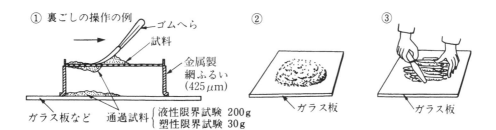

試験結果は試料の乾燥程度によって異なるため，空気乾燥しないで試験す
る方法を用いる．空気乾燥しても試験結果に影響のない場合は，空気乾燥
試料を用いてもよい．この場合は試料に蒸留水を加えて十分に練り合わせ
た後，試料と水のなじみをよくするために水分の蒸発を防ぎながら 10 時
間程度放置する．

用いる試料の自然含水比が低い場合は
蒸留水を加える．この後 20〜30 分間練
る必要がある．自然含水比が高すぎる場
合は自然乾燥により脱水し，乾いた土を
加えてはならない．

4. 試験方法

4.1 液性限界試験

(1) 測定器の調節板のねじを調節し，黄銅皿の落下高さが **(10 ± 0.1) mm** になるようにする．

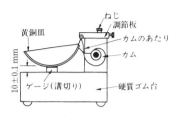

測定器の断面図

> カムの先端がカムあたりとぎりぎり接する状態で黄銅皿が (10±0.1) mm の高さになるように調節すればよい．(10±0.1) mm の判定には溝切り頭部のゲージを用いる．

(2) 試験の順序

① 黄銅皿に，へらを用いて試料を最大厚さが約 10 mm になるように入れ，形を整える．手に黄銅皿を持ってこの作業をしてもよい．

② 溝切りを黄銅皿の底に直角に保ちながら，試料の中央を 2 分する．

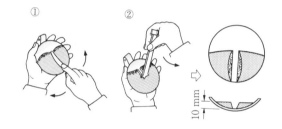

③ 溝が切れないときは，含水比を調整して①，②の操作を繰り返す．それでも溝が切れないときは NP（塑性を示さない，Non-Plastic）とする．

④ 落下装置のハンドルを回転させ，黄銅皿を持ち上げては落とし，これを 1 秒間に 2 回の割合で黄銅皿を落下させ試料が溝の底部で約 15 mm 合流するまで繰り返す．

> 1 秒間に 2 回の割合で落下させるのにメトロノーム等を用いる．

⑤ 溝が 15 mm 合流した時作業を止め，黄銅皿を落下させた回数を記録し，合流した溝の周囲から試料をとり，含水比を求める．（含水比の求め方は，**第 2 章**「土の含水比試験」参照）

> 15 mm の判定は溝切り頭部のゲージを用いる．

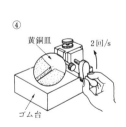

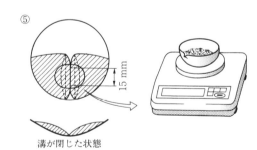

溝が閉じた状態

> 落下回数の測定は，試料の詰め方，溝の切り方，回転速度などにより測定結果に誤差を含むことが多い．この誤差を防ぐためには同じ含水比のもとで 2〜3 回試験を試み，同じ落下回数が得られたなら含水比を測定し，落下回数を記録する方法を用いればよい．

⑥ 残った試料をガラス板の上にもどす.

⑦ 試料に霧吹きを使って蒸留水を加え,含水量を増す.

> はじめから落下回数が 25 回を下回る場合には,試験に用いる試料の水分を蒸発させて含水量を減らしていく.

⑧ 乾いた布で黄銅皿をよくふき,次の作業にそなえる.

⑨ 試料を十分に練り合わせて,①～⑧の操作を繰り返す.

⑩ 落下回数と含水比の関係として,落下回数 10～25 回のものが 2 個,25～35 回のものが 2 個得られるようにする.

4.2　塑性限界試験

① すりガラス板の上に準備した試料の塊を置き,その塊を手のひらとすりガラス板の間でころがしながら 3 mm のひも状になるように細くしていく.

② 3 mm のひも状になる前にこわれたときは,蒸留水を加えて作業を繰り返し,それでも 3 mm のひも状にできないときは NP とデータシートに記入する.

③ ひも状にしたものと直径約 3 mm の棒と比べて見る.

④ この試料のひもが直径約 3 mm になってもまだ切れないとき,再び土の塊にして①～③の操作を繰返す.

⑤ ひもが直径 3 mm でちょうど切れぎれになったとき,その切れぎれになった部分の土を集め含水比を求める.このときの含水比が塑性限界である.

⑥ この含水比は少なくとも 3 個求め,平均値をとる.

> 繰り返し 3 mm のひも状をつくることによって試料の含水比を次第に減少させていく.この操作は試験者の手加減が結果に影響するので,ひも状の試料を強く押さえたり,指の部分でひも状の試料をころがしてはならない.

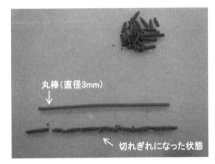

丸棒(直径3mm)

切れぎれになった状態

5.　結果の整理

5.1　液性限界試験

① それぞれの測定値ごとの含水比を計算する.

② 片対数グラフ用紙の縦軸に算術目盛で含水比を,横軸に対数目盛で落下回数を取り,得られた落下回数と含水比の関係をプロットする.

③ これらの測定値に最も適合する直線を求める.この直線を流動曲線とよぶ.

④ 流動曲線において,落下回数 25 回に相当する含水比が液性限界 w_L (%) である.

⑤ 液性限界が求められないときは NP とする.

> 縦軸の目盛の範囲は測定含水比の最小値と最大値が入るように考えて決める.また,流動曲線の勾配が 35～50° になるように縦軸の目盛間隔を決める.

> 流動曲線上の点がほぼ等間隔になるように測定されていることが望ましい.

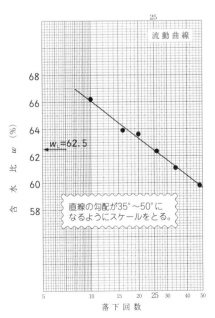

流動曲線

w_L=62.5

直線の勾配が35°〜50°になるようにスケールをとる.

含水比 w (%)

落下回数

5.2 塑性限界試験

① **4.2** の⑥で求めた含水比の平均値を塑性限界 w_p (%) とする.

② 塑性限界が求められないときは NP とする.

5.3 塑性指数

塑性指数 I_p は,液性限界 w_L と塑性限界 w_p の差で表され,次式から求める.

$$I_p = w_L - w_p \tag{6.1}$$

それぞれの試験において液性限界 w_L と塑性限界 w_p が求められなかったとき(NP とされたとき)および液性限界 w_L と塑性限界 w_p の値に差がないときは NP とする.

> 塑性指数 I_p は細粒土が塑性を示す幅を表しており,土によって異なるため細粒土の分類に役立てることができる.

6. 結果の利用と関連知識

(1) 試験結果から得られるその他の指数

この試験で求めた液性限界 w_L と塑性限界 w_p およびその試料土の自然含水比 w_n から,自然状態における土の状態や性質を推定するのに,次のような指数が求められ,利用されている.

①液性指数 I_L

相対含水比とも呼ばれ,自然含水比状態における土の相対的な硬さ・軟らかさを表す指数で,次式で求められる.

$$I_L = \frac{w_n - w_p}{w_L - w_p} = \frac{w_n - w_p}{I_p} \tag{6.2}$$

ここに,w_L:液性限界(%)

$\quad\quad w_p$:塑性限界(%)

$\quad\quad w_n$:自然含水比(%)

$\quad\quad I_p$:塑性指数

②活性度 A

粘性土の活性の程度を表し,次式で求められる.

$$A = \frac{I_p}{2\,\mu\mathrm{m}\text{ 以下の粘土含有量(%)}} \tag{6.3}$$

この値が大きいほど粘土の活性が高いことを示し,この値によって粘土は,**表-6.1** のように区分されている.

> 液性指数 I_L がゼロに近いほど土は安定である.自然状態の土の I_L が大きくなるほど圧縮性は大きく,鋭敏なことを示す.

表-6.1 活性度による粘土の区分

活性度 A	粘土の区分
0.75	非活性粘土
0.75〜1.25	普通の粘土
1.25 以上	活性粘土

> 粘土分含有量は土全体の性質に大きな影響を与えるが,粘土分含有量が少量でも高い塑性を示す土もあれば,その逆もある.粘土分含有量が少量でも高い塑性指数を示す土を,活性が高いという.

(2) 土の分類への活用

図-6.2 のような塑性図を作成し,試験から求められた塑性指数 I_p と液性限界 w_L の値をこの塑性図上にプロットすれば,その位置によって細粒土の分類と力学的性質の推定ができる.

> **図-6.2** では,A 線により塑性の区分をし,上の領域を粘土(塑性領域)C,下の領域をシルト(非塑性領域)M とする.また,B 線により圧縮性の強弱を区分し,左側の領域を低圧縮性領域 L,右側の領域を高圧縮性領域 H とする.試験から求められた塑性指数 I_p と液性限界 w_L の値をこの塑性図上にプロットすれば,高圧縮粘土(CH),低圧縮性シルト(ML)などの分類ができる.

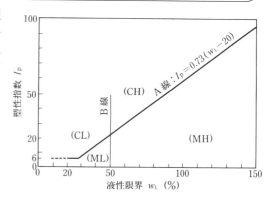

図-6.2 塑性図による粘性土の分類

(3)　力学的性質の推定

　粘土地盤の圧密沈下量の予測は土質工学上の最も重要な問題の一つであるが，スケンプトン（Skempton）は圧密沈下量の計算に用いられる圧縮指数 C_c と液性限界 w_L との関係を実験結果に基づいて次式で示した.

$$C_c = 0.009 \times (w_L - 10) \tag{6.4}$$

(4)　代表的な土の液性限界・塑性限界の測定例

表-6.2　液性限界・塑性限界の測定例 [1]

土の種類	液性限界 w_L (%)	塑性限界 w_p (%)
粘土（沖積層）	50〜130	30〜60
シルト（沖積層）	30〜 80	20〜50
粘土（洪積層）	35〜 90	20〜50
関東ローム	80〜150	40〜80

7.　設問

(1)　試験に用いる試料は空気乾燥しないで非乾燥法によるのはなぜか.

(2)　液性限界を測定するとき，黄銅皿の落下回数は 1 秒間に何回か，また，溝の底部の土が何 mm 合流したとき，試料の含水比を求めるのか.

(3)　液性限界の結果を図示するとき，グラフ用紙の横軸，縦軸のどちらを対数目盛にするか.

(4)　流動曲線とは何か.

(5)　液性限界は落下回数が何回の時の含水比をいうのか.

(6)　塑性限界とはひも状の土が直径何 mm になったとき，ちょうど切れぎれになる状態の含水比をいうのか.

(7)　塑性指数とは何か.

(8)　液性限界や塑性限界および塑性指数を求めておくと，どのようなことに役立つか.

引用・参考文献

1) 地盤工学会編：地盤材料試験の方法と解説［第一回改訂版］, pp. 158–174, 2020.

(JIS A 1205) (JGS 0141)	土 の 液 性 限 界 ・ 塑 性 限 界 試 験 (測定)	

調査件名 〇〇地区地盤調査　　　　　　　　　試験年月日 2020.9.10

用いた規格，基準番号を選択する。

試 験 者 相 田 友 子

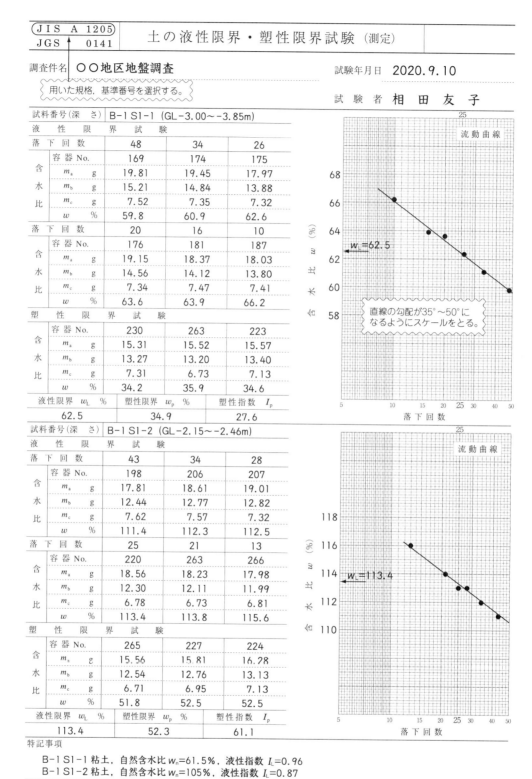

試料番号(深さ) B-1 S1-1 (GL-3.00～-3.85m)

液　性　限　界　試　験				
落　下　回　数		48	34	26
含水比	容 器 No.	169	174	175
	m_a　g	19.81	19.45	17.97
	m_b　g	15.21	14.84	13.88
	m_c　g	7.52	7.35	7.32
	w　%	59.8	60.9	62.6
落　下　回　数		20	16	10
含水比	容 器 No.	176	181	187
	m_a　g	19.15	18.37	18.03
	m_b　g	14.56	14.12	13.80
	m_c　g	7.34	7.47	7.41
	w　%	63.6	63.9	66.2
塑　性　限　界　試　験				
含水比	容 器 No.	230	263	223
	m_a　g	15.31	15.52	15.57
	m_b　g	13.27	13.20	13.40
	m_c　g	7.31	6.73	7.13
	w　%	34.2	35.9	34.6

液性限界 w_L %	塑性限界 w_p %	塑性指数 I_p
62.5	34.9	27.6

試料番号(深さ) B-1 S1-2 (GL-2.15～-2.46m)

液　性　限　界　試　験				
落　下　回　数		43	34	28
含水比	容 器 No.	198	206	207
	m_a　g	17.81	18.61	19.01
	m_b　g	12.44	12.77	12.82
	m_c　g	7.62	7.57	7.32
	w　%	111.4	112.3	112.5
落　下　回　数		25	21	13
含水比	容 器 No.	220	263	266
	m_a　g	18.56	18.23	17.98
	m_b　g	12.30	12.11	11.99
	m_c　g	6.78	6.73	6.81
	w　%	113.4	113.8	115.6
塑　性　限　界　試　験				
含水比	容 器 No.	265	227	224
	m_a　g	15.56	15.81	16.28
	m_b　g	12.54	12.76	13.13
	m_c　g	6.71	6.95	7.13
	w　%	51.8	52.5	52.5

液性限界 w_L %	塑性限界 w_p %	塑性指数 I_p
113.4	52.3	61.1

特記事項

　B-1 S1-1 粘土，自然含水比 w_n=61.5%，液性指数 I_L=0.96
　B-1 S1-2 粘土，自然含水比 w_n=105%，液性指数 I_L=0.87

(公社) 地盤工学会 8351

第7章　土の締固め試験

1.　試験の目的

　ダム，河川堤防，ため池，鉄道盛土，道路盛土，道路の路床・路盤の構築，構造物の裏込めや埋め戻し，宅地造成などを行うときには，遮水性の確保，安定性の向上，圧縮沈下量の低減，支持力の増加などを目的として必ず土を締め固める．締め固められた土の性質は土によって異なるばかりではなく，同じ土でも締固めエネルギー（仕事量）の大きさにより異なり，締め固めるときの含水比によっても異なる．同じ土を同じ仕事量で締め固めた場合，含水比によって乾燥密度が異なり，**図-7.1** のような関係が描ける．これは締固め曲線と呼ばれ，凸形状の曲線のピークの点の含水比（最適含水比 w_{opt}）と，そのときの乾燥密度（最大乾燥密度 $\rho_{d\,max}$）を求めるもので，この試験結果は施工の管理基準として，土を締め固めるときの含水比の条件（範囲）や締固め度の管理基準に用いられる．この試験方法は，JIS A 1210「突固めによる土の締固め試験方法」に規定されている．

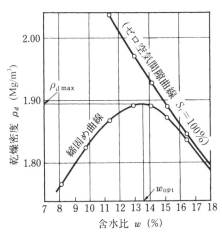

図-7.1　締固め曲線（乾燥密度- 含水比）

2.　試験方法の種類

　表-7.1 に示すように 15 種類の試験方法があり，突固め方法，試料の準備方法および使用目的ごとに種別されている．これらの方法は，締固めを行う土の粒径や性状，土を締め固めるときの仕事量を考慮して選択される．土を締め固めるときの仕事量が大きいことが想定される場合には C，D，E 法を用いる（A，B 法の 4.5 倍の仕事量）．また，実務において試験のために十分な土量を準備できる場合には，b 法または c 法を用いることが多い．本書では，最大粒径 19 mm の一般的な性状の土に用いられる A-a 法 について説明する．

　呼び名「A」は突固め方法の区分を示しており，内径 100 mm，容量 1000×10^3 mm³ のモールドに投入した試料に 2.5 kg のランマーで一定の仕事量（300 mm の高さからランマーを落下させ，試料を 3 層に分けて各層 25 回ずつ突き固める）を与える締め固め試験を表す．最大粒径 19 mm の土を対象とする．組み合わせの呼び名「a」は試料の準備方法および使用方法の区分を示しており，乾燥法で繰返し法による締固め試験を表す．繰返し法とは，土を空気乾燥させて試料とし（乾燥法），含水比を段階的に変化させながら同じ試料を繰り返し用いる方法である．

　この試験方法は Proctor（プロクター）が提案した衝撃的荷重による締固め方式を基本としており，締固め仕事量は 2 種類に大別される．A，B 法の仕事量は Standard Proctor（標準プロクター）に相当し，C，D，E 法は Modified Proctor（修正プロクター）に相当する．

試験する土によって，試料の準備方法および使用方法の組合せは次の 3 つから選択される．
a 法：乾燥法で繰返し法
　一般的な土質で，試料への乾燥処理の影響がなく，土粒子の破砕を生じにくい土に適用．乾燥法では，試料の最大粒径に対するふるいで通過させやすくなるまでいったん試料を全量乾燥させ，これに加水して所要の含水比とする．
b 法：乾燥法で非繰返し法
　乾燥処理の影響はないが，水となじみにくい土，粒子破砕を生じやすい土（まさ土など）に適用
c 法：湿潤法で非繰返し法
　火山灰質粘性土（関東ロームなど）のように自然含水比が高く乾燥処理の影響を受けやすい土に適用．自然含水比を原点とし，乾燥または加水して所要の含水比となるように調整する．

表-7.1　突固めによる土の締固め試験の方法

呼び名	ランマー質量 (kg)	ランマー落下高 (mm)	モールド内径 (mm)	突固め層数	1層あたり突固め回数	許容最大粒径 (mm)	準備する試料の必要量		
							乾燥法繰返し法 a	乾燥法非繰返し法 b	湿潤法非繰返し法 c
A	2.5	300	100	3	25	19	5 kg	3 kg ずつ必要組数	3 kg ずつ必要組数
B	2.5	300	150	3	55	37.5	15 kg	6 kg ずつ必要組数	6 kg ずつ必要組数
C	4.5	450	100	5	25	19	5 kg	3 kg ずつ必要組数	3 kg ずつ必要組数
D	4.5	450	150	5	55	19	8 kg	—*	—*
E	4.5	450	150	3	92	37.5	15 kg	6 kg ずつ必要組数	6 kg ずつ必要組数

* JIS 規格には記載されていないが，B，E 法と同様に試料を 6 kg ずつ必要組数準備すればよい

3.　試験器具

呼び名 A-a 法で行う場合の試験器具を示す．

① カラー：高さ約 50 mm で，モールドに装着できるもの（右図を参照）．

② モールド：内径 100 mm，容量 1000×10^3 mm³ のもの．

③ 底板：モールドと緊結できるもの（右図を参照）．

④ ランマー：直径 50 mm で底面が平らな面をもち，質量 2.5 kg の重錘が，落下高さ 300 mm から自由落下できるもの．

⑤ 試料押出し器：締め固めた土をモールドより取り出す（電動式および手動式のものがある）．こてなどで土をモールドから削り出してもよい．

⑥ はかり：ひょう量 10 kg 程度，最小読取値（感量）1 g のもの．

⑦ 金属製網ふるい：目開き 19 mm

⑧ 混合器具：試料と水とを均一に混合できるもの．バット（モールドが入る大きさ），ハンドスコップ，霧吹き等．ミキサを用いてもよい．

⑨ 直ナイフ：鋼製で片刃のついた 250 mm 以上のもの

⑩ 含水比測定器具：**第 2 章**「土の含水比試験」参照

⑪ へら，はけ，ウエス（ボロ布）等

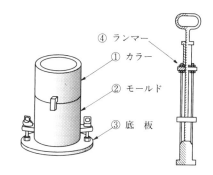
④ ランマー
① カラー
② モールド
③ 底　板

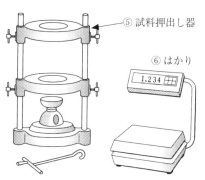
⑤ 試料押出し器
⑥ はかり

4.　試料の準備

① **第 1 章**「5.乱した土の試料調製」の「5.4 (1) 試料の分取」にしたがって 5 kg 以上の試料を用意する．

② 分取後の試料の含水比 w_0 (%) を求める．

③ 試料の土粒子の密度 ρ_s (Mg/m³) を測定する（**第 3 章**「土粒子の密度試験」参照）．

④ 分取試料を空気乾燥し，乾燥後に十分ときほぐし，19 mm ふるいを通過したものを試料とする．

⑤ ふるいを通過した試料の含水比 w_1 (%) を求める．

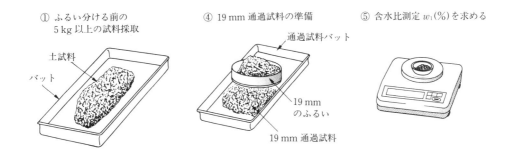

① ふるい分ける前の
5 kg 以上の試料採取

土試料

バット

④ 19 mm 通過試料の準備

通過試料バット

19 mm
のふるい

19 mm 通過試料

⑤ 含水比測定 w_1(%) を求める

5.　試験方法

① モールドと底板の質量 m_1 (g) をはかる．モールド内径と高さをはかる．

② モールドに 1 層分の 19 mm ふるい通過試料を入れる．

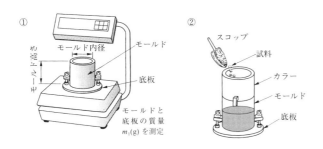

① モールド内径
モールド高さ
モールド

底板

モールドと
底板の質量
m_1(g) を測定

② スコップ
試料
カラー
モールド
底板

> 1 層目に入れる試料
> の量の目安は，モー
> ルドに入れたとき 7～
> 8 分目となるように
> するとよい．

③ 2.5 kg ランマーで 25 回突き固め，モールド高さの 1/3 程度となるように
する．

④ ランマーは時計回り方向に 5～6 回でモールドの内縁を一回りするよう
に落下させ，次の 1 回でモールド中心部に落下させる．この操作を繰
り返す．

⑤ 1 層分が突き終わったら，表面にへらで縦横に刻みを入れる．
2，3 層目も②～⑤の操作を繰り返す．

> 突固めのエネルギーが
> 吸収されないよう，モ
> ールドはコンクリート
> 床などのように堅固で
> 平らな場所に置いて突
> 固めを行う

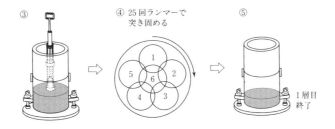

③

④ 25 回ランマーで
突き固める

⑤

1層目
終了

> 1 層ごとにへらで表面
> に刻みを入れるのは，
> 層と層のなじみをよ
> くしてモールド内の
> 試料土を一体化させ
> るためである．

⑥ 3 層目の突固めが完了するとき，突固め後の試料の上面はモールドの上縁か
ら僅かに上になるようにする．ただし 10 mm を越えてはならない．

⑦ カラーをはずし，直ナイフでモールド上端より上の余分な土を注意深く削り
取り，平面に仕上げる．

⑧ はけ等でモールドおよび底板の外部に付いた余計な土を取り除く．

⑨ 全体の質量 m_2 (g) をはかり，湿潤密度 ρ_t (Mg/m^3) を求める．

> カラーを取り外すとき
> は，試料の上部がえぐ
> り取れないよう，十分
> に気をつける．直ナイ
> フで表面を仕上げる際
> にれき（礫）などを取
> り除いたために表面に
> できた穴は，粒径の小
> さな土で埋める．

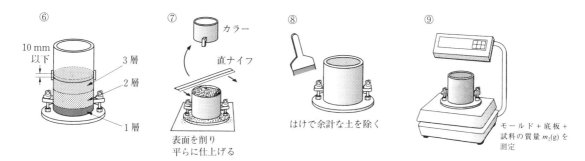

⑩ モールド内の試料を試料押出し器などにより取り出す.

⑪ 取り出した試料の含水比 w(%) を求める. 含水比測定用の試料は, 測定個
　数が1個の場合は突き固めた土の中心部から, 2個の場合は下図のように
　上部および下部から採取する.

> 非繰返し法を用いる場
> 合は, 試料全量で含水
> 比 w(%)を測定しても
> よい.

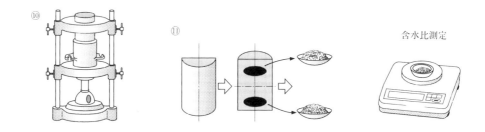

含水比測定

⑫ 取り出した試料を 19 mm ふるいを通るように細かく砕き, 残りの試料と混ぜる.

⑬ 水を⑫の試料に加え, 含水比が均一になるようによく混ぜる.

⑭ 試料の含水比を増加させながら, 予想される最適含水比を挟んで6〜8種類の含水比で②〜⑬の操作
　を繰り返し, 各回の湿潤密度 ρ_t(Mg/m³) と平均含水比 w(%) を求める.

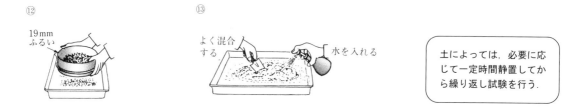

> 土によっては, 必要に応
> じて一定時間静置してか
> ら繰り返し試験を行う.

6.　結果の整理と報告

(1) データシートに試験方法など必要事項を記入する.

(2) 湿潤密度と乾燥密度の計算を行う.

① 突き固めた土の湿潤密度 ρ_t を次式で求め, 四捨五入によって小数点以下2桁に丸める.

$$\rho_t = \frac{m_2 - m_1}{V} \times 10^3 = \frac{m_2 - m_1}{1000} \quad (\text{Mg/m}^3)$$

(7.1)

ここに, V：モールドの容量(1000×10^3 mm³)

　　　　　m_1：モールドと底板の質量 (g)

　　　　　m_2：試料とモールドと底板の質量 (g)

② 平均含水比は, 試料土の上部と下部の含水比 w(%) の平均値とする.

③ 突き固めた土の乾燥密度 ρ_d を次式で求め，四捨五入によって小数点以下 2 桁に丸める．

$$\rho_d = \frac{\rho_t}{1 + \dfrac{w}{100}} \quad (\text{Mg/m}^3) \tag{7.2}$$

(3) 締固め曲線およびゼロ空気間隙曲線を描く

① 横軸に含水比，縦軸に乾燥密度をとったグラフ上に，**(2)**の②，③で求めた平均含水比 w (%) と乾燥密度 ρ_d (Mg/m³) の試験結果をプロットし，これらをなめらかな曲線で結んで締固め曲線を描く．

② ゼロ空気間隙曲線を締固め曲線に併記する．ゼロ空気間隙曲線とは，土中の間隙が水で完全飽和して全く空気がない状態（飽和度 S_r= 100 %，空気間隙率 v_a= 0 %）を表す曲線である．このゼロ空気間隙状態における含水比 w (%)に対する乾燥密度 ρ_{dsat} は理論上とりうる最大の乾燥密度であり，次式で求めて四捨五入によって小数点以下 2 桁に丸める．

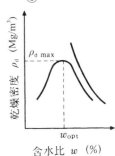

③

$$\rho_{dsat} = \frac{\rho_w}{\dfrac{\rho_w}{\rho_s} + \dfrac{w}{100}} \quad (\text{Mg/m}^3) \tag{7.3}$$

ここに，ρ_{dsat}：ゼロ空気間隙状態における乾燥密度 (Mg/m³)

　　　　ρ_w：水の密度 (Mg/m³)（← 1 Mg/m³ を用いる）

　　　　ρ_s：土粒子の密度 (Mg/m³)（← **第 3 章**「土粒子の密度試験」）

③ 最適含水比 w_{opt} と最大乾燥密度 ρ_{dmax} を決定する（**図-7.2** を参照）．締固め曲線に極大値がある場合には，そのピークの点の乾燥密度の値を最大乾燥密度，その点の含水比を最適含水比とする．

図-7.2　最大乾燥密度と最適含水比の決定

④ 必要に応じて，飽和度一定曲線（飽和度 S_r が一定となる ρ_d と w との関係）および空気間隙率一定曲線（空気間隙率 v_a が一定となる ρ_d と w との関係）を次式により求め，締固め曲線の図に記入しておく．

飽和度一定曲線　　$$\rho_d = \frac{\rho_w}{\dfrac{\rho_w}{\rho_s} + \dfrac{w}{S_r}} \tag{7.4}$$

空気間隙率一定曲線　$$\rho_d = \frac{\rho_w\left(1 - \dfrac{v_a}{100}\right)}{\dfrac{\rho_w}{\rho_s} + \dfrac{w}{100}} \tag{7.5}$$

> 飽和度 S_r= 70%～95 % の飽和度一定曲線，空気間隙率 v_a=5～15 % 程度の空気間隙率一定曲線をそれぞれ 2～3 段階で入れることが多い．

(4) 報告

①～⑤を報告する．

① 試験方法．**表-7.1** に示す呼び名 A，B，C，D，E と a，b，c を組み合わせて，「A-a」などとする．

② 試料分取後の含水比 w_0 (%)と，乾燥処理後の試料の含水比 w_1 (%)．

③ 締固め曲線およびゼロ空気間隙曲線．

④ 最大乾燥密度 ρ_{dmax} (Mg/m³)および最適含水比 w_{opt} (%)．

⑤ その他報告事項．れき（礫）を含む土は，試料調製前の最大粒径など．

7. 結果の利用と関連知識

(1) 締固め曲線の施工管理への適用

　締固め試験の結果は，現場において盛土や路床など締め固めた土の品質や施工を管理するための基準として利用される.

　① 締固め工事において土がどの程度締め固まったかは締固め度 D_c により判断する.

$$D_c = \frac{\text{現場で測定された乾燥密度 } \rho_d}{\text{締固め試験結果から得られた最大乾燥密度 } \rho_{dmax}} \times 100 \ (\%)$$

　締固め度の一般的標準として，道路土工における管理基準値の目安[1]を示す.

　　盛土......最大乾燥密度の 90%以上（$D_c \geqq 90\%$）：A, B 法を用いる

　　路床......最大乾燥密度の 95%以上（$D_c \geqq 95\%$）：A, B 法を用いる，または

　　　　　　最大乾燥密度の 90%以上（$D_c \geqq 90\%$）：C, D, E 法を用いる

　　　日本国内の道路土工において自然地盤の掘削等で生じる土を利用する場合には，日本の地質，降雨の特性などから，締固め試験の最適含水比の湿潤側の含水比で締固めが行われることが多い.

　②土の性状が良好であり，締固め機械の性能や求められる土工構造物の性能が高いときは，C, D, E 法の締固め試験結果が品質管理に用いられる. この場合，施工含水比の範囲は締固め試験の最適含水比を基準にして指定されることが多い.

(2) 締め固めた土の工学的性質

　土を最適含水比状態にして締め固めると，同じ締固めエネルギーで最も合理的に盛土などの土工構造物を建設することができる. 土を締め固めると空気が追い出され，間隙が減少して土粒子が密に配置される. これにより，圧縮力に対する沈下，せん断力に対する変形が小さくなるとともに，土の透水性も低下して，土工構造物は浸水による軟化，圧縮，膨張等の小さい安定した状態となる.

(3) 土の種類による締固め特性

　一般的な土の締固め特性の傾向を**図-7.3**に示す. このとき，粒径幅の広い粗粒土においては鋭い山形の締固め曲線を示し，ρ_{dmax} は高く，w_{opt} は低い値となる. 逆に細粒分の多い土ほど平型の滑らかな締固め曲線を示し，ρ_{dmax} は低く，w_{opt} は高い値となる.

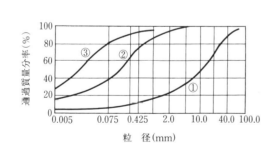

（a）各試料の粒径加積曲線の例

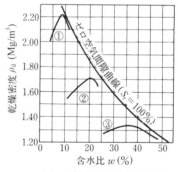

（b）各試料の締固め曲線の例

図-7.3　一般的な土の締固め特性の傾向

(4)　締固め仕事量の影響

締固め曲線は，締固め仕事量の大きさの違いにより異なった曲線となる．**図-7.4** は各層の突固め回数（締固めエネルギー）を変えた場合の試験結果の一例である．この図から，突固め回数が増加していくと，その増加に応じて最適含水比は低下し，最大乾燥密度は高くなり，締固め曲線の頂点は左上方に移動することがわかる．

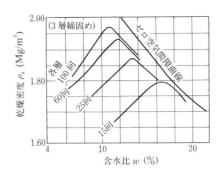

図-7.4　締固めエネルギーの変化と乾燥密度との関係

(5)　粒径の大きな土の締固め試験

室内締固め試験ではモールドの大きさに制約があり，対象とする土の最大粒径はモールド直径の 1/5 までである．これを超えた土では，粒径の大きなれき（礫）を除去し，Walker-Holtz の補正式[2] で最大乾燥密度を推定する．ただしこの補正式の適用範囲は，れき（礫）分が 30～40 ％までである．

$$\rho_{d0}{}' = \frac{\rho_{d0} \times \rho_{d1}}{\dfrac{P \times \rho_{d0}}{100} + \left(1 - \dfrac{P}{100}\right) \times \rho_{d1}} \tag{7.6}$$

ここに，ρ_{d0}：れき（礫）以外の土の乾燥密度 (Mg/m^3)

ρ_{d1}：れき（礫）粒子の乾燥密度 (Mg/m^3)

$\rho_{d0}{}'$：れき（礫）と土の混合物の乾燥密度 (Mg/m^3)

P：れき（礫）分混入割合 (%)

8.　設問

(1)　呼び名 A-a の突固め方法は，何 kg のランマーで何層に分けて突き固め，ランマーは高さ何 mm のところから落下させるのか．

(2)　(1) の場合，突き固めた後のモールド内の土の体積はいくらか．

(3)　ゼロ空気間隙曲線は何を表しているか．

(4)　1 層目および 2 層目で，突き固めた後の土の表面に，へら，直ナイフ等で縦横に線を刻みこむのはなぜか．

引用・参考文献

1)　日本道路協会：道路土工　盛土工指針（平成 22 年度版），pp. 211-231, 2010.

2)　Walker, F. C. and Holtz, W. G. : Control of embankment material by laboratory testing, Proc. ASCE, No. 108, pp. 1-25, 1951.

左表：突固めによる土の締固め試験（測定）

JIS A 1210 / JGS 0711

用いた規格、基準番号を選択する。

調査件名　〇〇工事の路床基準試験　　　試験年月日　2020.9.10

試料番号（深さ）　No.2（GL-4.00～-7.00m）　記号で記入する。　者　益田公明

試験方法	E-c	土質名称	粘土質砂（SC）

試料の準備方法	乾燥法・湿潤法	ランマー質量 kg	4.5		内径 mm	150
試料の使用方法	繰返し法・非繰返し法	落下高さ mm	450	モールド	高さ mm	125.0
含水比	試料分取後 w_0 %	18.3	突固め回数/層	92		容量 V mm³	2209×10³
	乾燥処理後 w_1 %		突固め層数 層	3		質量 m_c g	6835

ふるい分け前（分取後）の含水比を記入する。

測定 No.	1	2	3	4
(試料+モールド)質量 m_t g	10742	10851	10928	11095
湿潤密度 ρ_t Mg/m³	1.77	1.82	1.85	1.93
平均含水比 w %	11.2	13.6	15.0	17.6
乾燥密度 ρ_d Mg/m³	1.59	1.60	1.61	1.64

含水比	容器 No.	2076	2075	2009	2005
	m_a g	878.3	913.0	785.0	984.6
	m_b g	808.3	827.1	707.6	864.8
	m_c g	188.0	190.5	188.8	185.1
	w %	11.3	13.5	14.9	17.6
	容器 No.	2035	2082	2016	2102
	m_a g	880.1	861.5	801.3	923.9
	m_b g	812.7	780.2	721.3	813.8
	m_c g	204.6	182.3	186.4	186.3
	w %	11.1	13.6	15.0	17.5

測定 No.	5	6	7	8
(試料+モールド)質量 m_t g	11117	11078		
湿潤密度 ρ_t Mg/m³	1.94	1.92		
平均含水比 w %	20.1	23.0		
乾燥密度 ρ_d Mg/m³	1.61	1.56		

含水比	容器 No.	2078	2051		
	m_a g	999.1	828.4		
	m_b g	862.6	711.4		
	m_c g	181.1	204.4		
	w %	20.0	23.1		
	容器 No.	2018	2022		
	m_a g	912.2	901.8		
	m_b g	790.6	771.9		
	m_c g	189.1	202.9		
	w %	20.2	22.8		

特記事項

1) 内径150mmのモールドの場合はスペーサーディスクの高さを差引く。
2) モールドの質量は底板を含む。

$$\rho_d = \frac{\rho_t}{1+w/100}$$

(公社)地盤工学会 8521

右表：突固めによる土の締固め試験（締固め特性）

JIS A 1210 / JGS 0711

調査件名　〇〇工事の路床基準試験　　　試験年月日　2020.9.10

試料番号（深さ）　No.2（GL-4.00～-7.00　投入材料の最大粒径を記入する。　試験者　益田公明

試験方法	E-c	土質名称	粘土質砂（SC）

試料の準備方法	乾燥法・湿潤法	ランマー質量 kg	4.5	土粒子の密度 ρ_s Mg/m³	2.70
試料の使用方法	繰返し法・非繰返し法	落下高さ mm	450	試料調製前の最大粒径 mm	19
含水比	試料分取後 w_0 %	18.3	突固め回数 回/層	92	モールド	内径 mm	150
	乾燥処理後 w_1 %		突固め層数 層	3		高さ mm	125.0

測定 No.	1	2	3	4	5	6	7	8
平均含水比 w %	11.2	13.6	15.0	17.6	20.1	23.0		
乾燥密度 ρ_d Mg/m³	1.59	1.60	1.61	1.64	1.61	1.56		

乾燥密度－含水比曲線

最大乾燥密度 ρ_{dmax} Mg/m³　1.64
最適含水比 w_{opt} %　18.0

$S_r = 5, 10, \cdots$ %、$S_r = 90, 80, \cdots$ %の曲線の記入が望ましい。

特記事項

1) 内径150mmのモールドの場合はスペーサーディスクの高さを差引く。

ゼロ空気間隙曲線の計算式

$$\rho_{sat} = \frac{\rho_w}{\rho_w/\rho_s + w/100}$$

(公社)地盤工学会 8522

第 8 章　CBR 試験

1. 試験の目的

CBR（California Bearing Ratio の略）試験は，路床土や路盤材料の支持力特性を簡易に評価するための相対的な強さを求めるものである．

CBR とは「規定の貫入量における荷重強さの，その貫入量における標準荷重強さまたは標準荷重に対する百分率」である．これは，供試体の表面に直径 50 mm の貫入ピストンを 2.5 mm または 5.0 mm 貫入させたときの荷重強さ（または荷重）を，別に定められている標準荷重強さ（または標準荷重）に対する百分率で表したものをいう．標準荷重強さ（または標準荷重）は CBR の基準となる値であり，クラッシャーラン（割放し砕石）を締め固めて作製した多数の供試体の貫入試験から得られた荷重強さ（または標準荷重）の平均値である．

$$\text{CBR} = \frac{\text{荷重強さ（または荷重）}}{\text{標準荷重強さ（または標準荷重）}} \times 100\,(\%)$$

> CBR 試験は，1928 年から翌年にかけて，米国のカリフォルニア州において Porter（ポーター）がたわみ性舗装の破壊状況の調査を行ったときに考案した．

CBR 試験は，試験に用いる供試体の状態や，試験を実施する場所により **図-8.1** のように分類されている．単に CBR 試験といえば室内 CBR 試験を表す．

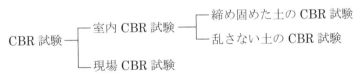

図-8.1　CBR 試験の分類

また，CBR 試験には，盛土材料や路床土などの評価や選定のために用いる修正 CBR と，アスファルト舗装（たわみ性舗装）の設計のために用いる路床土の設計 CBR を求める試験がある．設計 CBR は自然含水比の土を締め固めて作製した供試体で求められ，修正 CBR は最適含水比の土を締め固めて作製した供試体で求められる場合が多い．

この章では，設計 CBR を求めるために，自然含水比の乱した土に対して「締め固めた土の CBR 試験」を行う方法について説明する．

この試験方法は，JIS A 1211「CBR 試験方法」に規定されている．

2. 試験器具

(1) 供試体作製器具

① モールド：内径 150 mm，容量 $V = 2\,209 \times 10^3$ mm³ のもの．容積 V は，スペーサーディスク挿入時の容量．

② カラー：高さ約 50 mm で，モールドに装着できるもの．

③ 有孔底板：孔の直径が 2 mm 以下で，モールドと緊結できるもの．

④ スペーサーディスク：直径 148 mm，高さ 50 mm の金属製円盤．

⑤ ランマー：直径 50 mm で底面が平らな面をもち，質量 4.5 kg の重錘が，落下高さ 450 mm から自由落下できるもの．

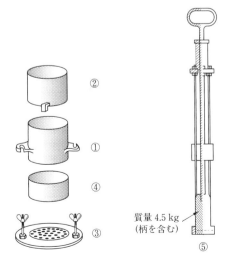

質量 4.5 kg
（柄を含む）

⑥ はかり：最小読取値 5 g まではかることができるもの.

⑦ 金属製網ふるい：目開き 37.5 mm のもの.

⑧ 混合器具：試料を均一に混合できるもの.
　試料用バット(モールドが入る大きさ)，ハンドスコップ等.

⑨ 直ナイフ：鋼製で片刃のついた 250 mm 以上のもの.

⑩ 試料押出し器：締め固めた土をモールドより取り出す（電動式および手動式のものがある）．へら，こてなどで土をモールドから削り出してもよい.

⑪ ろ紙：底板またはスペーサーディスクと土との圧着を防ぐために使用する．JIS P 3801 1 種またはそれと同等以上の品質のものを使用するのが望ましい.

⑫ 含水比測定器具（**第 2 章**「土の含水比試験」参照）

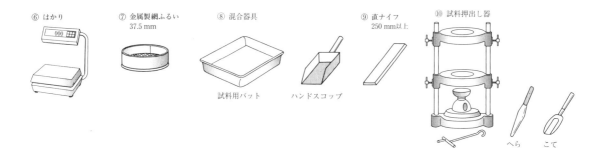

⑥ はかり　　　⑦ 金属製網ふるい 37.5 mm　　　⑧ 混合器具　　　⑨ 直ナイフ 250 mm 以上　　　⑩ 試料押出し器

試料用バット　　ハンドスコップ　　　へら　こて

(2)　吸水膨張試験器具

① 膨張量測定装置：供試体の吸水膨張量を最小目盛 0.01 mm，最大 20 mm まで測定できる変位計およびその取付け具.

② 軸付き有孔板：直径 148 mm，孔の直径 2 mm 以下，質量 5.00 kg の黄銅製のもの.

③ 水槽：底板付きモールドが入り，供試体が水浸できるもの.

④ ストップウォッチまたは時計

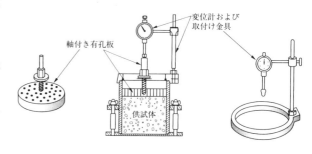

軸付き有孔板　　　変位計および取付け金具　　　供試体

(3)　貫入試験器具

① 圧縮装置：CBR の大きさに応じて十分な能力のものを用いることとし，載荷能力は 50 kN 以上とする．貫入速さは 1 mm/min の一定速度で連続的に与えることができるものでなければならない.

② 荷重計：プルービングリングまたは電気的に荷重を指示できるもので，予想される最大荷重の ± 1 %程度の許容差で荷重が測定できるもの．5 kN〜50 kN の範囲で容量の異なるものを複数用意しておき，最大荷重に応じて使い分ける.

③ 貫入ピストン：直径 50.0 mm の鋼製円柱形のもの.

④ 貫入量測定装置：最小目盛 0.01 mm，最大 20 mm まで測定できる JIS B 7503 に規定するダイヤルゲージ，またはこれと同等の性能をもつ電気式変位計.

⑤ 荷重板：質量 1.25 kg の鉛製とし，4 個を用意する.

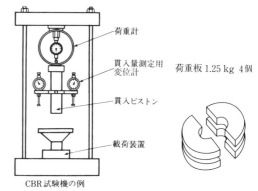

荷重計　　　貫入量測定用変位計　　　荷重板 1.25 kg 4 個　　　貫入ピストン　　　載荷装置

CBR 試験機の例

3.　試料の準備および供試体の作製

(1)　試料の準備

ここでは，**第 1 章**「5. 乱した土の試料調製」によって調製した試料を準備する．

① **第 1 章**の試料調製方法の非乾燥法に基づいて，自然含水状態の試料を金属製網ふるい 37.5 mm でふるい分け，通過した試料の含水比 w_0 (%)を求める．

② 1 供試体あたり約 5 kg ずつ，必要組数の試料を分取する．

③ 分取した試料から含水比 w_1 (%) を求める．

④ 試料を一時保存する場合は，試料の含水比が変らないように保存する．

> 1 試料あたり 3 個の供試体を作製するには，含水比測定用の試料を含めて約 20 kg の試料土を用意する．

> 試料の含水比を試験の目的に応じて調整し，その含水比 w_1 (%) を求めるが，設計 CBR を求めるときには自然含水比で試験を行うことが多いため，試料調整後の含水比 w_1 を試験前の試料の含水比 w_0 としてよい．

① ふるい分ける前の 5 kg 以上の試料採取

② ふるい分けて試料を準備

含水比測定 w_1 (%)

37.5 mm ふるい

37.5 mm 通過試料

(2)　供試体の作製

① モールドと有効底板の質量 m_1 (g) を測定する．

② モールド，カラーおよび有孔底板を組み立てる．

③ スペーサーディスクを入れ，その上にろ紙を敷く．

④ 3 層がなるべく均等厚になるように 1 層あたりの試料をモールドに入れる．

⑤ 4.5 kg ランマーで試料を 1 層につき 67 回突き固める．

> 供試体作製方法は JIS A 1210 の呼び名 E と同様であるが、1 層あたりの突固め回数は、道路路床の設計 CBR を求める場合は 67 回とすることが多い．

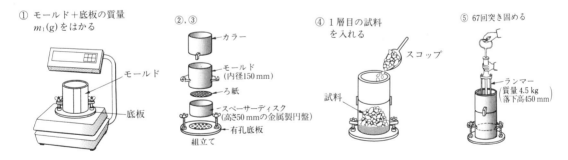

① モールド＋底板の質量 m_1 (g) をはかる

モールド

底板

②, ③

カラー

モールド（内径 150 mm）

ろ紙

スペーサーディスク（高さ 50 mm の金属製円盤）

有孔底板

組立て

④ 1 層目の試料を入れる

スコップ

試料

⑤ 67 回突き固める

ランマー 質量 4.5 kg（落下高 450 mm）

⑥ ④⑤の操作を 3 回繰り返し，3 層に分けて締め固める．締固め後の試料の上面はモールドの上端からわずか上になるように試料の量を調整する．

⑦ 突固め終了後，カラーを取りはずす．

⑧ モールド上部の余分な土を直ナイフにより注意深く取り除き，平面に仕上げる．

⑨ モールドの外部および底部に付着した土をよく拭き取り，スペーサーディスクを取りはずす．

⑩ ろ紙を有孔底板の上に敷く．

⑪ 供試体を静かに転倒させ，締め固めたときと逆にし，再び有孔底板に固定する．

⑫ ⑪の全体（モールド＋供試体＋有孔底板）の質量 m_2 (g) をはかる．

⑧　直ナイフで平面に
　　仕上げる

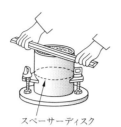

スペーサーディスク

⑫　モールド＋供試体＋有孔
　　底板の質量をはかる

⑬　供試体の作製が終了したら，吸水膨張試験および貫入試験を行う．

4.　試験方法

(1)　吸水膨張試験

①　供試体の上にろ紙を敷く．その上に，軸付き有孔板を置く．

①

ろ紙を敷く

軸付き有孔板

> 吸水膨張試験は**路床や路盤**が長期間の雨の浸透などにより最悪の状態に至った場合を想定して貫入試験の前に供試体を水浸させるもので，吸水量と膨張量とを測定する．

> 軸付き有孔板を載せるのは，試料の表面を押さえて，ある程度の（舗装の重さによる荷重，自動車荷重などに対応した）拘束力を与えた状態で試験を行うためである．

②　供試体と軸付き有孔板を水槽内に水浸し，モールドの縁に膨張量測定用の変位計および取付け具を設置する．

②

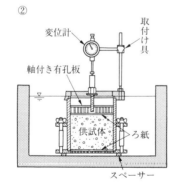

変位計

取付け具

軸付き有孔板

供試体

ろ紙

スペーサー

③　設置後直ちに，変位計の最初の読みを記録する．

④　通常，水浸直後から 1，2，4，8，24，48，72，96 h の各時間に変位計の読みを記録する．

	水浸時間 h	時　刻	変位計の読み	膨張量 mm	変位計の読み	膨張量 mm	変位計の読み	膨張量 mm
吸水膨張試験	0	9/14 9:00	0.0	0.0	0.0	0.0	0.0	0.0
	1	10:00	1.4	1.8	1.2			
	2	11:00	1.4	1.8	1.2			
	4	13:00	1.4	1.8	1.2			
	8	17:00	1.5	1.9	1.2			
	24	9/15 9:00	1.5	1.9	1.2			
	48	9/16 9:00	1.5	1.9	1.3			
	72	9/17 9:00	1.6	1.9	1.3			
	96	9/18 9:00	1.6	1.9	1.3			
	(試料＋モールド)質量 $m_3^{2)}$ g		10995		10974		11081	
	膨　張　比　r_s　%							
	湿　潤　密　度　ρ_t' Mg/m³							
	乾　燥　密　度　ρ_d' Mg/m³							
	平　均　含　水　比　w'　%							

> 膨張量が一定に落ち着いた場合は，水浸を途中で中止してもよい．

⑤ 最終の読みを記録してから，取付け具と変位計を取り外す.

⑥ 水槽から①でセットした供試体等を取り出し，軸付き有孔板を載せたままモールドを静かに傾けて
たまっている水を除き，約 15 分間静置する.

⑦ 軸付き有孔板およびろ紙を取り除き，全体（モールド＋供試体＋有孔底板）の質量 m_3(g) を測定する.

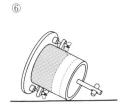

⑥

⑦

軸付き有孔底
板を除去

上下ろ紙
を除去

質量 m_3(g) をはかる

(2)　貫入試験

① 貫入ピストンの断面積（mm²）を四捨五入によって小数点以下 2 桁まで求める.

② モールドに入った供試体の上に，荷重板を 4 個載せる.

③ 載荷装置の貫入ピストンと供試体の中心線が一致するように正確に供試体を載荷装置に設置する.

④ 供試体と貫入ピストンが密着するように荷重を加える. このとき加える荷重は，0.05 kN 以下とする.

⑤ このときの荷重計および貫入量測定装置（変位計）の読みを初期値とする.

⑥ 貫入ピストンが 1 分間に 1 mm（1 mm/min）の一定の速さで供試体に貫入するように載荷する.

⑦ 貫入量が 0.5，1.0，1.5，2.0，2.5，3.0，4.0，5.0，7.5，10.0 および 12.5 mm のとき，荷重計の読みを
記録する. 貫入量が 12.5 mm になる前に荷重計の読みが最大値に達したときは，そのときの荷重計の
読みと貫入量とを記録しておく.

> 貫入量測定にダイヤルゲージ（1 周 1 mm）
> を用いる場合は，ダイヤルゲージの長針
> と，時計の秒針とが同じように進むよう
> に調整しながら貫入するとよい.

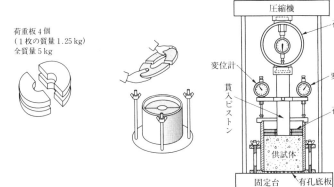

荷重板 4 個
（1 枚の質量 1.25 kg）
全質量 5 kg

圧縮機

荷重計

変位計

変位計

貫入ピストン

荷重板

供試体

固定台　　有孔底板

貫　　入　　量　　mm			~~荷重強さ,~~ 荷重	
読　　み		平　均	荷重計	~~MN/m²~~
1	2		の読み	kN
0	0		0	
0.5	0.5		57	
1.0	1.0		112	
1.5	1.5		166	
2.0	2.0		220	
2.5	2.5		277	
3.0	3.0		326	
4.0	4.0		370	
5.0	5.0		404	
7.5	7.5		466	
10.0	10.0		511	
12.5	12.5		554	
貫入試験後の含水比	容器No.	85	95	
	m_a g	814.9	772.6	
	m_b g	704.6	674.3	
	m_c g	189.3	189.3	
	w_2 %	21.4	20.3	
	平均値 w_2 %		20.9	

⑧ 最後の荷重計の読みを記録したのち，荷重を除き，載荷装置
からモールドをはずす.

⑨ 試料押出し器によりモールドから供試体を取り出す.

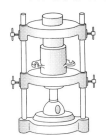

⑩ ピストン貫入部付近の試料を 2 個分採取し，貫入試験後の試料の
含水比 w_2（%）を求める.

> 試料全量で含水比 w_2（%）を測
> 定してもよい.

5. 結果の整理と報告

(1) 供試体の湿潤密度および乾燥密度

①供試体の湿潤密度 ρ_t (Mg/m³) および乾燥密度 ρ_d (Mg/m³) は次の式によって算出し，四捨五入によって小数点以下2桁に丸める．

$$\rho_t = \frac{m_2 - m_1}{V} \times 10^3 \quad (\text{Mg/m}^3) \tag{8.1}$$

$$\rho_d = \frac{\rho_t}{1 + w_1/100} \quad (\text{Mg/m}^3) \tag{8.2}$$

ここに，m_1：モールドと有孔底板の質量 (g)

m_2：供試体とモールドおよび有孔底板の質量 (g)

V：モールドの容量 ($2\,209 \times 10^3$ mm³)

w_1：供試体の含水比 (%)

②供試体の膨張比 r_e (%) は次の式によって算出し，四捨五入によって小数点以下2桁に丸める．

$$r_e = \frac{供試体の膨張量（mm）}{供試体の最初の高さ（125 mm）} \times 100$$

$$= \frac{（変位計の終わりの読み）-（変位計の初めの読み）}{供試体の最初の高さ（125 mm）} \times 100 \ (\%) \tag{8.3}$$

③吸水膨張後の乾燥密度 ρ'_d (Mg/m³) は次の式によって算出し，四捨五入によって小数点以下2桁に丸める．平均含水比 w' (%) は次の式によって算出し，四捨五入によって小数点以下1桁に丸める．

$$\rho'_d = \frac{\rho_d}{1 + r_e/100} \quad (\text{Mg/m}^3) \tag{8.4}$$

$$w' = \left(\frac{\rho'_t}{\rho'_d} - 1\right) \times 100 \quad (\%) \tag{8.5}$$

$$\rho'_t = \frac{m_3 - m_1}{V\,(1 + r_e/100)} \times 10^3 \quad (\text{Mg/m}^3) \tag{8.6}$$

ここに，ρ_d：供試体の最初の乾燥密度 (Mg/m³)

ρ'_t：吸水膨張試験後の湿潤密度 (Mg/m³)

m_3：吸水膨張試験後の供試体とモールドおよび有孔底板の質量 (g)

m_1：モールドと有孔底板の質量 (g)

V：モールドの容量 ($2\,209 \times 10^3$ mm³)

(2) 荷重-貫入量曲線のプロット

貫入試験で記録した荷重計の読み（目盛）に荷重計の較正係数 (kN/目盛) を乗じることによって，荷重 (kN) を計算する．荷重は四捨五入によって小数点以下2桁に丸める．縦軸に荷重 (kN)，横軸に貫入量 (mm) をとり，測定値をプロットして荷重-貫入量曲線を描く．

荷重-貫入量曲線の初期の部分には，**図-8.2** の曲線②のような変曲点が生じる場合がある．このような場合には，変曲点以降の直線部分を延長して，横軸との交点を貫入量の修正原点とする．変曲点は，供試体の表面の平坦性が十分でない，供試体上面と貫入ピストンとの密着が十分でない，CBR 試験機の各部が堅固に取り付けられていない，などが原因で生じる．原点の修正は，このような計測上のエラーによる貫入量の過大評価の影響を考慮するために行う．

なお，荷重を貫入ピストンの断面積で除した荷重強さ(MN/m²)で表す場合は，荷重強さ-貫入量曲線という．荷重強さは四捨五入によって小数点以下1桁まで求める．

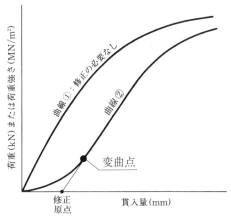

図-8.2　荷重–貫入量曲線とその原点の修正

原点の修正は，大きくて
も 2〜3 mm 以内とする．
原点の修正量が 5mm を
越える場合には，信頼性
に欠けるため試験をや
り直すことが望ましい．

(3)　CBR の求め方

　荷重–貫入量曲線より貫入量 2.5 mm における荷重（kN）を求め，2.5 mm における標準荷重（13.4 kN）（**表-8.1** 参照）を用いて CBR（%）を次式により計算する．CBR は四捨五入によって小数点以下 2 桁に丸める．

$$\text{CBR} = \frac{\text{荷重}}{\text{標準荷重（13.4 kN）}} \times 100 \, (\%) \tag{8.7}$$

　次に，荷重–貫入量曲線より貫入量 5.0 mm における荷重（kN）を求め，5.0 mm における標準荷重（19.9 kN）（**表-8.1** 参照）を用いて CBR を計算する．CBR は四捨五入によって小数点以下 2 桁に丸める．

$$\text{CBR} = \frac{\text{荷重}}{\text{標準荷重（19.9 kN）}} \times 100 \, (\%) \tag{8.8}$$

表-8.1　標準荷重強さおよび標準荷重の値

貫入量 (mm)	標準荷重強さ (MN/m²)	標準荷重 (kN)
2.5	6.9	13.4
5.0	10.3	19.9

設計 CBR，修正 CBR の目安や材料規定はいずれも
整数により示されている．これらを求めるのに必要
な CBR 試験の結果は，一般的な盛土材料で得られ
る 100%未満の値なら小数点以下 1 桁，路盤材料で
得られる 100%以上の値なら整数で報告すれば実務
上十分である．したがって，CBR を小数点以下 1 桁
または整数で報告する場合もある．またこの場合，
荷重強さを計算するのに必要な貫入ピストンの断
面積は有効数字 3 桁程度（直径が 50.0 mm の場合は
1.96×10^3 mm²）で求めておけばよい．

　CBR は貫入量 2.5 mm における値（CBR2.5）とする．ただし，貫入量 2.5 mm の値よりも貫入量 5.0 mm の値（CBR5.0）が大きい場合には，改めて供試体を作り直して試験をやり直す．再び同様の結果が出た場合には，貫入量 5.0 mm のときの CBR を採用する．

　複数の供試体で同じ条件で試験を行い，そのすべてにおいて貫入量 5.0 mm における CBR が貫入量 2.5 mm のものより大きい場合は，貫入量 5.0 mm のときの CBR を採用してよい．

(4)　報告

①〜⑤を報告する．
① 試料準備の方法（非乾燥法，空気乾燥法）．
② 供試体の含水比（%）および乾燥密度（Mg/m³）．必要に応じて，吸水膨張試験後の供試体の乾燥密度（Mg/m³）と平均含水比（%）を報告する．
③ 膨張比（%）．
④ 貫入試験後の含水比（%）．

⑤　CBR（%）および CBR に対応する貫入量（mm）.

⑥　その他特記すべき事項. 採取試料が 37.5 mm 以上の土粒子の場合は，質量分率（%）を報告することが望ましい.

6.　結果の利用と関連知識

　この章で得られる試料土の CBR の値は，割放し砕石（クラッシャーラン）の標準荷重に対する支持力の比を意味している. したがって，その値が基準値である 100 に近づくほど支持力の高い良い材料であると判断される. 逆に 0 に近づくほど支持力の劣る材料であると判断される.

　また，交通荷重の影響を直接受ける道路のたわみ性舗装のアスファルトで構成されている表層や基層の設計では，これらを支持する路床や路盤に対して十分大きな強度が要求される. そのため，路床土や路盤材料の良否を判断するために CBR が利用されている.

　舗装の設計から施工までの支持力の確認および材料の評価基準として多用されている CBR には，室内 CBR 試験より得られる設計 CBR および修正 CBR，現場 CBR 試験より得られる現場 CBR がある. 「舗装設計施工指針」（日本道路協会編）[1]では，設計 CBR および修正 CBR について次のように説明している.

　　設計 CBR：TA 法を用いてアスファルト舗装の厚さを決定する場合に必要となる路床の支持力. 路床土がほぼ一様な区間内で，道路延長方向と路床の深さ方向について求めたいくつかの CBR の測定値から，それらを代表するように決めたものである.

　　修正 CBR：路盤材料や盛土材料の品質基準を表す指標. JIS A 1211 に示す方法に準じて，3 層に分けて各層 92 回突き固めたときの最大乾燥密度に対する所要の締固め度に相当する CBR.

　ここでは，設計 CBR および修正 CBR を求めるために実施される CBR 試験の条件やその結果の活用について簡単に説明する.

(1)　設計 CBR

　路床土の設計 CBR は，舗装厚さを設計するための CBR 試験を実施して求める. この CBR 試験では自然含水比の乱した試料を用いることが多い. これは，路床の対象となる土の自然含水比が，その土の最適含水比より大きいのが日本国内では一般的だからである. 供試体を作製するときの各層の突固め回数は，一般道路や港湾施設の舗装の設計では 67 回，空港舗装では 45 回であり，他の試験法とは突固め仕事量を異にしている.

　一般道路の舗装の設計で用いる供試体各層の突固め回数 67 回は，(2)に示す修正 CBR を求める場合に用いる各層の突固め回数 92 回と 42 回の中間の値である. この突固め方法によれば，現場の締固め密度にほぼ相当する密度が得られているといわれている[2]. なお，高速道路における路床の設計 CBR は修正 CBR をもとに算定されている. 一方，切土路床などで，乱すことにより極端に CBR が小さくなることが経験的に分かっている場合には，乱さない試料を用いてもよいとされている.

　設計 CBR は区間の CBR をもとに決定する. 区間の CBR は，道路延長方向および深さ方向の複数箇所で採取した路床土の CBR 試験を行い，各地点の CBR を求めたあと，各地点の CBR の平均値から標準偏差を差し引いて求める. 設計 CBR が決まると，「路面の設計期間」，「舗装計画交通量」，「路面の性能指標とその値」を考慮することで，舗装材料および舗装厚を決定できる. 設計法の詳細は「舗装設計便覧」（日本道路協会編）[3]に記載されている.

(2)　修正 CBR

　修正 CBR は，路盤材料や盛土材料の品質基準を表す指標であり，材料の評価や選定のために用いられる. 修正 CBR は，土工あるいは路盤工を行う場合に，現場の土質，施工法，特に締固めの方法などを考慮し，現場で目標とする締固め度でその土に期待される CBR を意味する.

CBR は，元来路盤材料の選定のために用いられる指標であるから，礫質土などの良質材料に適用することを前提にしている．そのため，路盤材料の CBR 試験では，締固め試験で得られた最適含水比に調整した試料で供試体を作製する．ここで，路盤材料に一般に用いられる締固め試験は，**第 7 章**に示した JIS A 1210「突固めによる土の締固め試験方法」の呼び名 E である．ただし，路床のように現地発生材の有効利用といった観点が主な場合は，自然含水比で供試体を作製する．**図-8.3** に，締固め曲線と修正 CBR との関係を示す．供試体作製における各層の突固め回数を 17 回，42 回，92 回とし，乾燥密度の異なる供試体でそれぞれの CBR を求め，CBR と乾燥密度の関係をグラフで描く．所要の締固め度（現場の締固めで目標とされる締固め度）に対応する乾燥密度で発揮される CBR をグラフから求め，修正 CBR とする．

CBR 試験が我が国で実施され始めた当初は，米国の試験基準 ASTM D1883 にならい，試料の最大粒径を 19 mm としたうえで，供試体は突固め層数を 5 層，各層の突固め回数を 55 回として作製されていた．しかし，試験法の改正に伴って試料の最大粒径が 37.5 mm にまで拡大された結果，現在は突固め層数を 3 層，突固め回数を 92 回として供試体を作製するようになった．5 層 55 回，3 層 92 回は突固め仕事量が等しく，**第 7 章**に示した JIS A 1210「突固めによる土の締固め試験方法」の D 法，E 法にそれぞれ一致するものである．したがって，最適含水比に調整した試料で 3 層 92 回の突固め仕事量を用いて CBR 試験の供試体を作製すれば，その供試体の乾燥密度は最大乾燥密度に一致することになる．

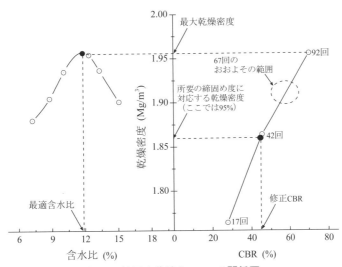

図-8.3　締固め曲線と CBR の関係図

修正という言葉の意味は，現場の施工条件などを考えて，その最大乾燥密度の 90 % とか 95 % に相当する密度の土の現場目標強度を設定（修正）していることである．一般道路，高速道路，空港舗装，鉄道舗装等で材料の品質に対して規定される修正 CBR の値は，各機関あるいは適用される構造部位の要求に応じて異なっている．設計には，これらの修正された CBR を使用してあるから，施工にあたっては修正 CBR を決めた密度以上に締め固めなければならない．

7. 設問

(1) 標準荷重強さまたは標準荷重はどのようにして定められたか説明せよ．

(2) 一般道路の舗装のための設計 CBR を求めるには，採取した試料を用いてどのような条件で CBR 試験の供試体を作製すればよいか説明せよ．

(3) 吸水膨張試験を行うのはなぜか説明せよ．

(4) 貫入試験を行うとき，なぜ荷重板を載せるのか説明せよ．

(5) どのような場合に荷重強さ–貫入量曲線を修正するのか，修正が必要となるのはなぜかそれぞれ説明せよ．

引用・参考文献

1)　日本道路協会編：舗装設計施工指針（平成 18 年度版），2006.

2)　アスファルト舗装小委員会：アスファルト舗装要綱の改訂（Ⅰ），道路，1 月号，p. 12，1968.

3)　日本道路協会編：舗装設計便覧（平成 18 年版），2006.

CBR試験（初期状態，吸水膨張試験）

JIS A 1211　JGS 0721
用いた基準・規格番号を選択する。

調査件名	○○工事材料試験	試験年月日	2020.9.14～9.18

試料番号（深さ）No.3（GL-5.00）　記号で記入する。　　試験者 竹村太一

試験方法	締め固めた土	ランマー質量 kg	4.5	土質名称	シルト混じり礫（G-M）
突固め方法	E法	落下高さ mm	450	自然含水比 w_n %	18.3
試料準備方法	非乾燥法	突固め回数 回/層	92	最適含水比 w_{opt} %	18.0
空気乾燥後含水比 %		突固め層数 層	3	最大乾燥密度 ρ_{dmax} Mg/m³	1.64
試料調整時含水比 %	18.1	モールド 内径 mm	150	荷重板質量 kg	5.0
		高さ mm	125	モールド容量 V mm³	2209×10³

37.5mmふるいを通過した試料の含水比

供試体 容器No.		1		2		3	
		94	91	81	85	95	92
含水比	m_a g	715.1	749.3	844.9	724.9	818.6	948.5
	m_b g	635.6	665.7	747.8	645.7	726.0	835.1
	m_c g	178.3	187.9	183.6	189.3	189.3	186.2
	w_i %	17.4	17.5	17.2	17.3	17.3	17.5
平均値 w_1 %		17.5		17.3		17.4	
密度	（試料+モールド）質量 $m_T^{(1)}$ g	10924		10905		11006	
	モールド質量 $m_T^{(1)}$ g	6654		6658		6747	
	湿潤密度 ρ_t Mg/m³	1.93		1.92		1.93	
	乾燥密度 ρ_d Mg/m³	1.65		1.64		1.64	

水浸時間 h	時刻	変位計の読み	膨張量 mm	変位計の読み	膨張量 mm	変位計の読み	膨張量 mm
0	9/14 9:00	0.0	0.0	0.0	0.0	0.0	0.0
1	10:00	1.4	0.01	1.8	0.02	1.2	0.01
2	11:00	1.4	0.01	1.8	0.02	1.2	0.01
4	13:00	1.4	0.01	1.8	0.02	1.2	0.01
8	17:00	1.5	0.01	1.9	0.02	1.2	0.01
24	9/15 9:00	1.5	0.02	1.9	0.02	1.3	0.01
48	9/16 9:00	1.5	0.02	1.9	0.02	1.3	0.01
72	9/17 9:00	1.6	0.02	1.9	0.02	1.3	0.01
96	9/18 9:00	1.6	0.02	1.9	0.02	1.3	0.01

（試料+モールド）質量 $m_T^{(1)}$ g	10995		10974		11081	
膨張比 r_e %	0.02		0.02		0.01	
湿潤密度 ρ_t' Mg/m³	1.97		1.95		1.96	
乾燥密度 ρ_d' Mg/m³	1.65		1.64		1.64	
平均含水比 w' %	19.5		19.2		19.5	

特記事項
1) スペーサーディスクの高さを差引く。
2) モールドの質量は有孔底板を含む。

$$r_e = \frac{\text{供試体の膨張量(mm)}}{\text{供試体の最初の高さ(125mm)}} \times 100$$

$$\rho_t' = \frac{m_T - m_1}{V(1 + r_e/100)} \times 10^3$$

$$\rho_d' = \frac{\rho_t'}{1 + r_e/100}$$

$$w' = \left(\frac{\rho_t'}{\rho_d'} - 1\right) \times 100$$

（公社）地盤工学会 8541

CBR試験（貫入試験）

JIS A 1211　JGS 0721

調査件名	○○工事材料試験	試験年月日	2020.9.18

試料番号（深さ）No.3（GL-5.00～-7.00m）　試験者 竹村太一

試験条件	水浸，非水浸	貫入速さ mm/min	1	荷重板質量 kg	5.0
養生条件	日空気中 荷重計No.	DM167	貫入ピストンの断面積 mm²	1.96×10³
	日水浸 容量 kN	20	較正係数 kN/目盛	9.80×10⁻³
供試体No.	4	供試体No.	5	供試体No.	6

安定処理土の場合に記入する。

貫入量 mm			荷重計 の読み	荷重 kN	貫入量 mm			荷重計 の読み	荷重 kN	貫入量 mm			荷重計 の読み	荷重 kN
読み 1	2	平均			読み 1	2	平均			読み 1	2	平均		
0	0	0	0	0	0	0	0	0	0	0	0	0	0	0
0.5	0.5	0.5	26	0.25	0.5	0.5	0.5	57	0.56	0.5	0.5	0.5	34	0.33
1.0	1.0	1.0	57	0.56	1.0	1.0	1.0	112	1.10	1.0	1.0	1.0	36	0.35
1.5	1.5	1.5	120	1.18	1.5	1.5	1.5	166	1.63	1.5	1.5	1.5	54	0.53
2.0	2.0	2.0	194	1.90	2.0	2.0	2.0	220	2.16	2.0	2.0	2.0	121	1.19
2.5	2.5	2.5	258	2.53	2.5	2.5	2.5	277	2.71	2.5	2.5	2.5	189	1.85
3.0	3.0	3.0	311	3.05	3.0	3.0	3.0	326	3.19	3.0	3.0	3.0	253	2.48
4.0	4.0	4.0	386	3.78	4.0	4.0	4.0	370	3.63	4.0	4.0	4.0	351	3.44
5.0	5.0	5.0	440	4.31	5.0	5.0	5.0	404	3.96	5.0	5.0	5.0	407	3.99
7.5	7.5	7.5	533	5.22	7.5	7.5	7.5	466	4.57	7.5	7.5	7.5	505	4.95
10.0	10.0	10.0	612	6.00	10.0	10.0	10.0	511	5.01	10.0	10.0	10.0	583	5.71
12.5	12.5	12.5	663	6.50	12.5	12.5	12.5	554	5.43	12.5	12.5	12.5	638	6.25

貫入試験後の含水比	容器No.	89	86	容器No.	85	95	容器No.	73	82
	m_a g	987.0	892.5	m_a g	814.9	772.6	m_a g	989.3	940.7
	m_b g	848.6	770.2	m_b g	704.6	674.3	m_b g	849.4	807.0
	m_c g	183.9	186.5	m_c g	189.3	189.3	m_c g	181.0	182.3
	w_2 %	20.8	21.0	w_2 %	21.4	20.3	w_2 %	20.9	21.4
平均値 w_2 %		20.9			20.9			21.2	

特記事項

[1MN/m² ≒ 10.2 kgf/cm²]
[1kN ≒ 102 kgf]

（公社）地盤工学会 8542

CBR試験（室内試験結果）

JIS A 1211　JGS 0721

調査件名	○○工事材料試験	試験年月日	2020.9.18

試料番号（深さ）No.3（GL-5.00～-7.00m）　試験者 竹村太一

試験方法	締め固めた土	ランマー質量 kg	4.5	土質名称	シルト混じり礫（G-M）
突固め方法	E法	落下高さ mm	450	空気乾燥後含水比 %	
試料の準備方法	非乾燥法	突固め回数 回/層	42	自然含水比 w_n %	18.3
試験条件	水浸，非水浸	突固め層数 層	3	最適含水比 w_{opt} %	18.0
養生条件	日空気中 モールド 内径 mm	150	最大乾燥密度 ρ_{dmax} Mg/m³	1.64
	日水浸 高さ mm	125		

安定処理土の場合に記入する。

供試体 No.		4	5	6
吸水膨張試験	前 含水比 w %	17.3	17.4	17.2
	乾燥密度 ρ_d Mg/m³	1.56	1.56	1.56
	膨張比 r_e %	0.02	0.01	0.02
	後 平均含水比 w' %	21.8	21.9	21.9
	乾燥密度 ρ_d' Mg/m³	1.56	1.56	1.56
	試験後の含水比 w_2 %	20.9	20.9	21.2
貫入試験	貫入量2.5mmにおけるCBR %	23.51 (23.5)	20.22 (20.2)	23.13 (23.1)
	貫入量5mmにおけるCBR %	22.96 (23.0)	19.90 (19.9)	22.31 (22.3)
	CBR %	23.51 (23.5)	20.22 (20.2)	23.13 (23.1)

平均CBR %　22.29 (22.3)

（　）内のように小数点以下1桁程度で報告する場合もある。

特記事項
1) スペーサーディスクの高さを差引く。

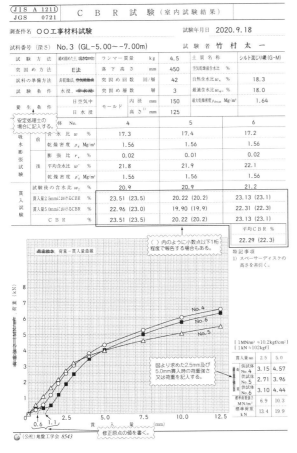

荷重－貫入量曲線

図より求めた2.5mm及び5.0mm貫入時の荷重強さ又は荷重を記入する。

[1MN/m² ≒ 10.2kgf/cm²]
[1kN ≒ 102kgf]

貫入量 mm	2.5	5.0
供試体 No.4	3.15	4.57
供試体 No.5	2.71	3.96
供試体 No.6	3.10	4.44
標準荷重強さ MN/m²	6.9	10.3
標準荷重 kN	13.4	19.9

修正原点の値を書く。

（公社）地盤工学会 8543

修正CBR試験

JIS A 1211

調査件名	○○工事材料試験	試験年月日	2020.9.18

試料番号（深さ）No.3（GL-5.00～-7.00m）　試験者 竹村太一

突固め回数 回/層		92 (3層)			42 (3層)			17 (3層)		
供試体 No.	1	2	3	4	5	6	7	8	9	
乾燥密度 ρ_d Mg/m³	1.65	1.64	1.64	1.56	1.56	1.56	1.47	1.47	1.47	
平均値 ρ_d Mg/m³		1.64			1.56			1.47		
貫入量2.5mmにおけるCBR %	24.81 (24.8)	25.86 (25.9)	25.74 (25.7)	23.51 (23.5)	20.22 (20.2)	23.13 (23.1)	12.91 (12.9)	13.31 (13.3)	14.44 (14.4)	
平均値 %		25.47 (25.5)			22.29 (22.3)			13.55 (13.6)		
貫入量5.0mmにおけるCBR %	23.10 (23.1)	24.24 (24.2)	24.55 (24.6)	22.96 (23.0)	19.90 (19.9)	22.31 (22.3)	14.77 (14.8)	15.19 (15.2)	15.88 (15.9)	
平均値 %		23.96 (24.0)			21.73 (21.7)			15.28 (15.3)		
ランマー質量 kg	4.5	最大乾燥密度 ρ_{dmax} Mg/m³	1.64	締固め度 %	90	95	
		最適含水比 w_{opt} %	18.0	修正CBR %	15.80(15.8)	20.79(20.8)	

目標とする締固め度を記入し，それに対応する修正CBRを求める。

乾燥密度－含水比曲線

ρ_{dmax}=1.64

$\rho_{dmax} \times 0.95 = 1.56$

$\rho_{dmax} \times 0.90 = 1.48$

$w_{opt} = 18.0$

CBR，修正CBRは（　）内のように小数点以下1桁程度で報告する場合もある。

乾燥密度－CBR曲線

修正CBR(90) = 6.06 (6.1)

修正CBR(95) = 22.29 (22.3)

特記事項

（公社）地盤工学会 8544

第9章　土の透水試験

1.　試験の目的

　土中における地下水などの流れやすさを土の透水性という．この透水性は，透水係数 k の高低で表されるが，粘土や砂など土の種類，密度や飽和度，水温などの違いによって大きく異なる．透水試験は飽和状態にある土の透水係数を求めるものである．透水試験には，室内で供試体を用いて行う室内透水試験と，屋外で実地盤を対象にする現場透水試験があるが，本章では室内透水試験について説明する．また，室内透水試験には定水位透水試験と変水位透水試験があり，定水位透水試験は砂や礫のような透水性の高い土に，変水位透水試験はシルトや粘土のような透水性の低い土に対して適用される．

　この試験方法は，JIS A 1218「土の透水試験方法」に規定されている．

2.　共通器具

　ここでは，定水位透水試験と変水位透水試験に使用する共通の器具について紹介する．

(1)　供試体作製器具

　①ノギス　　②はかり（測定質量に対して 0.02% の質量が測定できるもの）

　③締固め器具（**第7章**「土の締固め試験」参照）

　④含水比測定器具（**第2章**「土の含水比試験」参照）

(2)　供試体の飽和度を高める器具

　①真空ポンプ（真空度 80 kPa 以上を保持できるもの）

　②水浸減圧容器（**図-9.1**）　　③減圧吸水装置（**図-9.2**）

(3)　計測器具

　①鋼製ものさし　　②ストップウォッチまたは時計

　③温度計（最小目盛 1 ℃ 以下のもの）

3.　定水位透水試験

3.1　定水位透水試験器具

　① 透水円筒（内径 100 mm，高さ 120 mm）　　② 透水円筒カラー

　③ 有孔板　　　　　　　④ 金網（目開き 425 μm）

　⑤ フィルター　　　　　⑥ 越流水槽

　⑦ メスシリンダー（測定水量の 1/100 以下の目盛を持つもの）

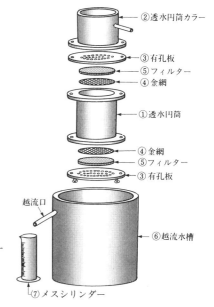

②透水円筒カラー
③有孔板
⑤フィルター
④金網
①透水円筒
④金網
⑤フィルター
③有孔板
越流口
⑥越流水槽
⑦メスシリンダー

定水位透水試験器具の例

3.2　供試体の作製

(1)　準備

　① 含水比が均一になっている試料を準備する．

　② 試料の最大粒径 (mm) をはかる（**第5章**「土の粒度試験」参照）．

　③ 準備された試料の質量 m_0 (g) をはかる．

　④ その試料の一部を用いて土粒子の密度 ρ_s を求める（**第3章**「土粒子の密度試験」参照）．

　⑤ 透水円筒の内径 D_m (mm) をはかり断面積 A (mm²) を求める．

> 試料は**第1章**「5. 乱した土の試料調製」に従って準備する．

質量
m_0 (g)
を測定

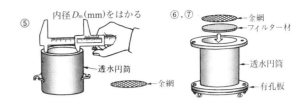

内径 D_m (mm) をはかる

⑤

透水円筒

金網

⑥,⑦

金網
フィルター材

透水円筒

有孔板

⑥ 透水円筒を有孔板に固定する.

⑦ フィルター材を底に敷き，その上に金網を置く.

⑧ ⑥および⑦で準備された容器全体の質量 m_2 (g) をはかる.

⑨ 底に置いた金網の上から透水円筒上端までの高さを 3 カ所はかり，その平均から透水円筒の長さ L_m (mm) を求める.

(2) 締固め

> 締固めの方法は，第 7 章「土の締固め試験」を参照する.

① 1 層分の締固め試料を透水円筒に入れ，締め固める.

② 締め固めた層の上面をへらなどでかき起こし，次の層とのなじみをよくするようにしておく.

③ ①②の作業を繰り返し，透水円筒にほぼいっぱいになるように試料を締め固める.

④ 供試体の表面が平面になるよう調整し，(1) ⑨の作業と同様に供試体の表面から透水円筒の上端までの高さを 3 カ所についてはかり，その平均から供試体の表面から透水円筒の上端までの距離 L_2 (mm) を求める. 供試体の高さ L (mm) は $L = L_m - L_2$ で得られる.

①~③

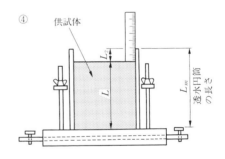

④

供試体

L_2

L

L_m（透水円筒の長さ）

⑤ ④の作業が終ったら，ただちに全体の質量 m_1 (g) をはかる. 供試体の質量 m (g) は，$m = m_1 - m_2$ で得られる.

⑥ 残った試料を用いて含水比 w (%) を求める.

⑦ 供試体上面に金網を敷き，その上にフィルター材を置き，有孔板を透水円筒に固定する.

3.3　試験方法

(1) 飽和度を高めるための方法

① 供試体のセットが終了した透水円筒を，脱気水を満たした水浸減圧容器に静かに入れる.

② 水浸減圧容器をセットし，真空ポンプにつなぐ.

③ 真空ポンプで容器内を徐々に減圧し，透水円筒から気泡が出なくなるまで減圧を続ける.

④ 気泡が出ないことが確認できたら，徐々に容器内の圧力を大気圧まで戻す.

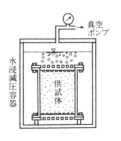

真空ポンプ

水浸減圧容器

供試体

図-9.1　水浸減圧容器による脱気法

> 供試体が不飽和である場合，土中の気泡が水の移動を妨げるため透水係数は低下する. したがって，正しい透水係数を求めるためには，供試体を脱気させて極力飽和に近い状態で試験を実施する必要がある.
> 礫，粗砂など水浸するだけで飽和できるような試料では，①~④を省くことができる.

> 容器内に気泡が残っていると，大気圧に戻すときに気泡が急激に膨張して供試体をいためてしまうので注意を要する.

⑤ ①〜④の作業で供試体が飽和状態に達した後，水浸減圧容器のふたを取り，透水円筒に透水円筒カラーを取り付ける．

(2) 定水位透水試験

① 水を満たした越流水槽に透水円筒を，空気が入らないようにしながら静かに移しかえる．

② 透水円筒カラーに注水し，越流口から越流させ，給水側の水位を一定に保つ．

③ 越流水槽から越流する様子を調べ，越流量がほぼ一定になることを確認する．

④ メスシリンダーを越流口においた時間 t_1 (s) から，はずすまでの時間 t_2 (s) をストップウォッチではかり，その間にメスシリンダーに流れ込んだ水量で透水量 Q (mm³) を求める．

⑤ ④の測定を 3 回以上行う．

⑥ ④の測定条件を保ち，透水円筒カラーの水位と越流水槽の水位差 h (mm) をはかる．

⑦ 越流水槽の水温 T (℃) を④の作業ごとに測定する．

⑧ 測定が終れば越流水槽から透水円筒を取り出し，試験後の供試体の含水比 w_f (%) を求める．

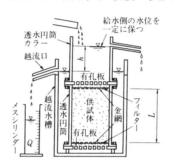

定水位透水試験の例

3.4 結果の整理

(1) 湿潤密度 ρ_t (Mg/m³)，乾燥密度 ρ_d (Mg/m³)，間隙比 e，飽和度 S_r (%) はそれぞれ式 (9.1) 〜式 (9.4)によって算出する．結果は，四捨五入によって有効数字 3 桁に丸める．

$$\rho_t = \frac{m}{A \cdot L} \times 1000 = \frac{m}{V} \times 1000 \quad (\text{Mg/m}^3) \tag{9.1}$$

$$\rho_d = \frac{\rho_t}{1 + \dfrac{w}{100}} \quad (\text{Mg/m}^3) \tag{9.2}$$

$$e = \frac{\rho_s}{\rho_d} - 1 \tag{9.3}$$

$$S_r = \frac{w \cdot \rho_s}{e \cdot \rho_w} \quad (\%) \tag{9.4}$$

ここに，

m：供試体の質量 (g)

A：供試体の断面積 (mm²)

L：供試体の長さ (mm)

V：供試体の体積 (mm³)

$\quad (= A \times L)$

w：含水比 (%)

ρ_s：土粒子の密度 (Mg/m³)

ρ_w：水の密度 (Mg/m³)

$\quad (= 1.0 \text{ Mg/m}^3)$

試料	土質名称		砂質れき	透水円筒	容器 No.		58
	最大粒径 mm		19		内径 D_m mm		100.0
	土粒子の密度 ρ_s Mg/m³		2.65		長さ L_m mm		127.3
スタンドパイプ	内径[1) mm				質量 m_2[2) g		1519
	断面積 a mm²				試験用水		水道水

| 供試体作製，飽和方法 | JIS A 1210呼び名Eの方法で ρ_{dmax}の90％になるように締固めた． 水浸脱気法 | | | | | | | |

供試体寸法	供試体No.	21	供試体の状態				試験前	試験後[3)
	直径D mm	100.0		(供試体＋透水円筒) 質量	m_1 g		3291	
	断面積A mm²	7854		供試体質量 $m=m_1-m_2$	g		1772	
	長さL mm	127.3		湿潤密度 $\rho_t=m/V$	Mg/m³		1.772	
	体積V mm³	1000(cm³)×10³		乾燥密度 $\rho_d=\rho_t/(1+w/100)$	Mg/m³		1.699	
				間隙比 $e=(\rho_s/\rho_d)-1$			0.560	
				飽和度 $S_r=w\rho_s/(e\rho_w)$	%		20.4	

(2)　定水位透水試験による透水係数の計算

測定時の水温 $T°C$ に対する透水係数 k_T(m/s) を次式より求める.

$$k_T = \frac{L}{h} \cdot \frac{Q}{A(t_2 - t_1)}$$
$$\times \frac{1}{1000} \quad (m/s) \quad (9.5)$$

ここに,

h：水位差 (mm)

Q：透水量 (mm³)

$t_2 - t_1$：測定時間 (s)

測　　　定　　　No.			1	2	3	4	5
測 定 開 始 時 刻		t_1					
測 定 終 了 時 刻		t_2					
測 定 時 間 $t_2 - t_1$ (Δt) s			180	210	180	← ストップウォッチで測定した。	
定水位	水 位 差 h mm		150	150	150		
	透 水 量 Q mm³		472 (cm³)×10³	510 (cm³)×10³	460 (cm³)×10³	(cm³)×10³	(cm³)×10³
	$T°C$ に対する透水係数 k_T[4] m/s		2.83×10⁻⁴	2.62×10⁻⁴	2.76×10⁻⁴	← 2.76E-4と表示してもよい。	
変水位	時刻 t_1 における水位差 h_1 mm						
	時刻 t_2 における水位差 h_2 mm						
	$T°C$ に対する透水係数 k_T[5] m/s						
測 定 時 の 水 温 T ℃			19	19	19		
温 度 補 正 係 数 η_T/η_{15}			0.902	0.902	0.902	← 試験方法の表から求める。	
15℃ に対する透水係数 k_{15} m/s			2.56×10⁻⁴	2.37×10⁻⁴	2.49×10⁻⁴		
代　　　表　　　値 k_{15} m/s			2.47×10⁻⁴				

(3)　温度 15°C に対する透水係数 k_{15} (m/s) を求める.

$T°C$ の水の粘性係数に対する 15°C の水の粘性係数の比 η_T/η_{15} を**表-9.1** より求め, k_{15} を式 (9.6) により算定する.

$$k_{15} = k_T \cdot \frac{\eta_T}{\eta_{15}} \tag{9.6}$$

表-9.1　温度 15°C に対する $T°C$ の水の粘性係数 η_T/η_{15}

$T°C$	0	1	2	3	4	5	6	7	8	9
0	1.575	1.521	1.470	1.424	1.378	1.336	1.295	1.255	1.217	1.181
10	1.149	1.116	1.085	1.055	1.027	1.000	0.975	0.950	0.925	0.902
20	0.880	0.859	0.839	0.819	0.800	0.782	0.764	0.748	0.731	0.715
30	0.700	0.685	0.671	0.657	0.645	0.632	0.620	0.607	0.596	0.584
40	0.574	0.564	0.554	0.544	0.535	0.525	0.517	0.507	0.498	0.490

4.　変水位透水試験

4.1　変水位透水試験器具

① 透水円筒（内径 100 mm，長さ 120 mm）

② スタンドパイプ（目盛のついた長さ 1 m 程度の透明な管で内径は 5 mm, 20 mm または 50 mm）

③ 有孔板

④ 金網（425 μm 以下のもの）

⑤ フィルター

⑥ 貯水槽（試験開始前にスタンドパイプに水を補給するためのもの）

⑦ 越流水槽

> 変水位透水試験では粒径の小さい試料を対象とするので，金網はフィルター材が通らないように定水位透水試験の場合よりも細かいものとする.

4.2　供試体の作製

「3.　定水位透水試験」の「3.2　供試体の作製」と同様にして，供試体作製の準備および締固めを行う.

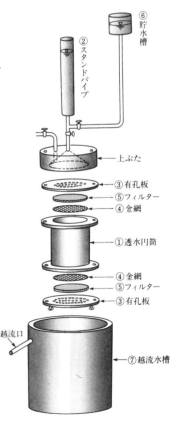

変水位透水試験器具の例

4.3　試験方法

(1)　飽和度を高める方法

① 供試体の作製を行って，供試体のセットが終了した透水
円筒を，減圧吸水装置に結合する．

② 右図のバルブ B，C を開いて給水瓶に水を満たす．

③ バルブ B，C を閉じ，バルブ A を開き，アスピレーター
瓶を通じて真空ポンプで透水円筒内を減圧する．

④ バルブ A を閉じ，バルブ B を徐々に開いて給水瓶の水を
供試体に浸透させる．

⑤ アスピレーター瓶に気泡が出なくなるまで作業②～④を
繰り返す．

使用する水は，減圧または煮沸により，
十分脱気したものを使用すること．

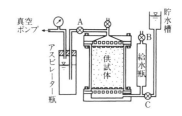

図-9.2　減圧吸水装置による脱気法

(2)　変水位透水試験

① 飽和させる作業が終了したら，減圧吸水装置をはずし，透水円筒の上
ぶたにスタンドパイプと貯水槽を連結し，水を満たした越流水槽に沈
める．

② スタンドパイプの内径をはかり，断面積 a (mm²) を求める．

③ スタンドパイプに越流水槽の水面からはかった高さ h_1 (mm) および
h_2 (mm) を設定する．

④ バルブ E を閉じ，バルブ D を開いて貯水槽の水をスタンドパイプの
高さ h_1 より高いところまで水を満たし，バルブ D を閉じる．

⑤ バルブ E を開いて，スタンドパイプの水面が h_1 および h_2 を通過した
時刻 t_1 および t_2 を記録する．

⑥ ④および⑤の操作を繰り返し，水面が h_1，h_2 を通過する時間 $t_2 - t_1$ (s)
がほぼ一定となったことを確認した後，3 回以上の測定を行う．

⑦ 越流水槽の水温 T (℃) をはかる．

⑧ 透水円筒をはずし，試験後の供試体の含水比 w_f (%) を求める．

スタンドパイプを取り付
けるとき，気泡が入るの
を防ぐために，あらかじ
めスタンドパイプ内を水
で満たしておき，水を出
しながら連結する．

長時間にわたって測定す
る場合は，通気を許す状
態で軽くふたをするか，
水面に油を浮かすなどの
処置により，スタンドパ
イプの水の蒸発を防ぐよ
うにしておく．

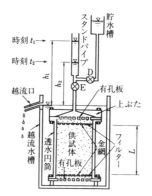

変水位透水試験の例

4.4　結果の整理

(1)　湿潤密度 ρ_t，乾燥密度 ρ_d，

間隙比 e，飽和度 S_r の計算

定水位透水試験の場合と同様に，
式 (9.1)～(9.4)によって求める．
結果は，四捨五入によって有効
効数字 3 桁に丸める．

供試体No.	1					試験前	試験後[3]
供試体寸法	直　径 D mm	60.00	供試体の状態	(供試体＋透水円筒)質量	m_1　g	310.40	312.85
	断面積 A mm²	2827		供試体質量 $m = m_1 - m_2$	g	239.92	242.37
	長　さ L mm	60.00		湿　潤　密　度　$\rho_t = m/V$	Mg/m³	1.414	1.429
	体　積 V mm³	169.6(cm³)×10³		乾　燥　密　度　$\rho_d = \rho_t/(1+w/100)$	Mg/m³	0.686	0.686
				間　隙　比　$e = (\rho_s/\rho_d) - 1$		2.937	2.937
				飽　和　度　$S_r = w\rho_s/(e\rho_w)$	%	97.7	99.7

(2) 変水位透水試験による透水係数の計算

測定時の水温 $T°C$ に対する透水係数 k_T(m/s) を次式より求める.

$$k_T = \frac{a \cdot L}{A(t_2 - t_1)} \cdot \ln \frac{h_1}{h_2} \times \frac{1}{1000} = 2.303 \cdot \frac{a \cdot L}{A(t_2 - t_1)} \cdot \log_{10} \frac{h_1}{h_2} \times \frac{1}{1000} \quad (\text{m/s}) \tag{9.7}$$

ここに,

a：スタンドパイプの断面積 (mm²)

A：供試体の断面積 (mm²)

L：供試体の長さ (mm)

$t_2 - t_1$：測定時間 (s)

h_1：時刻 t_1 における水位差 (mm)

h_2：時刻 t_2 における水位差 (mm)

(3) 定水位透水試験の場合と同様に, 温度 15°C に対する透水係数 k_{15} (m/s)を**表-9.1**, 式 (9.6)より求める.

5.　結果の利用と関連知識

(1) 透水係数と透水試験の適用

　自然の土中を流れる水の透水係数 k の値は, 水温の違いによって変化する水の粘性の他に, 土の種類や間隙の大きさによって様々な値を示す. たとえば, 土粒子の粒径が小さい粘性土は水を通しにくいため透水係数 k の値は低く, 粒径の大きい砂や礫は水を通しやすいため, 透水係数 k の値は高くなる. つまり, 透水係数 k は土の透水性, つまり土中を流れる水の通しやすさを示す数値である.

　開削工事やフィルダムのような土木工事において, 土中の水の流れを考慮しなければならない場合は, 予め透水試験を行って現場の土の透水係数を求めておく必要がある. また, 定水位透水試験と変水位透水試験の選択については, **表-9.2** に示されるように透水係数 $k = 10^{-5}$ m/s を目安とするとよい. この表を用いれば, 透水係数の概略値より, 土の種類や粒度などが推定できる.

表-9.2　透水性と試験方法の適用性 (地盤工学会)

透水係数(m/s)	10^{-11}　10^{-10}　10^{-9}	10^{-8}　10^{-7}　10^{-6}	10^{-5}　10^{-4}　10^{-3}	10^{-2}　10^{-1}　10^{0}
透水性	実質上不透水	非常に低い　　低 い	中 位	高 い
対応する土の種類	粘性土	微細砂, シルト 砂・シルト・粘土混合土	砂および礫	清浄な礫
透水係数を直接測定する方法	特殊な変水位透水試験	変水位透水試験	定水位透水試験	特殊な変水位透水試験
透水係数を間接的に測定する方法	圧密試験の結果から計算	なし	清浄な砂と礫は粒度と間隙比から計算	

(2) 透水係数の利用

　土の透水係数 k の値は, 次のような工事の際に必要な諸量の計算や課題解決のための資料などとして利用される.

　・井戸からの揚水量の計算.

　・フィルダム, 河川や海岸堤防などの堤体や, これらの基礎地盤からの漏水の程度やその量.

　・地下水位以下で地盤掘削した場合の排水量や湧水量の計算. また, そのとき遮水が必要かどうかの判断.

　・斜面の安定に影響する浸透流の検討.

　・地下水位低下工法を採用する場合の地下水の汲み上げ量の計算.

　・処分場などの遮水性効果.

(3)　ダルシーの法則

　いま，**図-9.3** のような管に砂を詰めて，水位差 Δh を与えた
場合の土中の水の流れを考える．水位を測定するピエゾメー
ターが示す水位を水頭といい，測定された水頭が同じ場合は
水の流れはないが，水頭に差がある場合は高い点から低い点
の方へ水が流れる（注：水は位置水頭と圧力水頭を合わせた
全水頭が高い方から低い方へ流れる）．

　ここで，2 点間の土試料の長さ（流線の長さ）を L, $i\,(=\Delta h/L)$
を動水勾配とするとき，水頭差 Δh は水が流れるときのエネル
ギーの大きさであるので，動水勾配 i が大きいほど水の流れ
は速くなる．土中の水は非常に小さな間隙を通って流れるの

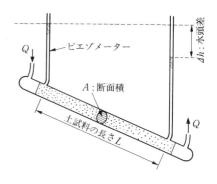

図-9.3　ダルシーの法則の説明

で流速 v は小さく（遅く），その流れは層流であるとすれば，動水勾配 i と土中を流れる水の流速 v との
間には比例関係が成立し次式で表される．これをダルシーの法則という．

$$v = k \cdot \frac{\Delta h}{L} = k \cdot i \ (\text{m/s}) \tag{9.8}$$

　透水係数 k は，単位動水勾配（$i=1$）において，単位時間に土の単位断面積を流れる水量を示している．
また，土試料の断面積を $A\,(\text{mm}^2)$ としたとき，単位時間あたりの透水量 q は次式で表される．

$$q = v \cdot A = k \cdot i \cdot A \times 1000 \ (\text{mm}^3/\text{s}) \tag{9.9}$$

　土の種類によっては水頭差 Δh が大きいと流速 v が大きくなって土中の流れは乱流となり，ダルシーの
法則は適用できなくなる．したがって，透水性の高い土試料を用いて透水試験を行う場合には，動水勾配
i が大きくならない条件で実施するようにしなければいけない．土の種類と動水勾配 i の関係は，**表-9.3** に
示されているので，参考にするとよい．

表-9.3　土の種類と浸透流の状態 [1]

試料	砂質土，シルト	砂		砂礫	礫		
		細	粗		中	粗	巨
D_{10} (mm)	0.075～0.02	0.25	0.6	2.0	9.5	26.5	75
浸透流の状態	通常の i では常に層流	緩い砂では $i<0.2～0.3$，密な砂では $i<0.3～0.5$ で層流		実際的には常に乱流			

(4)　乾燥密度と透水係数の関係

　粘性土を締め固めたとき（**第 7 章**「土の締固め試験」参照），
含水比と乾燥密度との関係は，**図-9.4**(上) のようになる．この
とき，各密度条件で透水試験を行うと**図-9.4**(下) のようになる．
この図から，乾燥密度が大きければ透水係数は小さくなるこ
とがわかる．

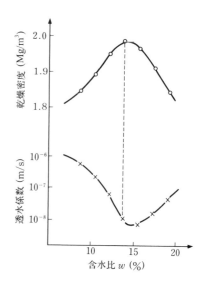

図-9.4　乾燥密度と透水係数の関係

6.　設問

(1) 透水係数の値は土のどのような性質を表しているか.

(2) 透水係数を測定する供試体を試験前に飽和させるのはなぜか. もし, 供試体が不飽和であれば, 得られる透水係数の値はどのようになるか.

(3) 水温と透水係数はどのような関係にあるのか.

(4) 土が水を通さない（不透水である）というのは透水係数の値がだいたいどれくらいをいうのか.

(5) 透水係数の値を求めておくと, それはどのようなことに利用できるのか.

(6) ダルシーの法則とはどのような法則か. また, その法則は水の流れがどのような場合に成り立つのか説明しなさい.

引用・参考文献

1)　地盤工学会編：地盤材料試験の方法と解説［第一回改訂版］, p. 467-480, 2020.

左側データシート

JIS A 1218　土 の 透 水 試 験 （定水位, 変水位）

調査件名　○○工事材料試験　　　試験年月日　2020.8.7

試料番号（深さ）　No.2 (GL±0.00～-0.50m)　　試 験 者　西 島 誠 二

試料				容器			
土 質 名 称		砂質れき		透水	容 器 No.		58
最 大 粒 径	mm	19		円	内 径 D_w mm		100.0
土粒子の密度 ρ_s Mg/m³		2.65		筒	長 さ L_w mm		127.3
スタンドパイプ	内 径 mm			間	質 量 m_2 g		1519
	断面積 a mm²				試 験 用 水		水道水

供試体作製, 飽和方法　JIS A 1210呼び名Eの方法で ρ_{dmax} の90%になるように締固めた. 水浸脱気法

			試 験 前		試 験 後
供試体No.		21			
供 試	直 径 D mm	100.0	(供試体＋透水円筒)質量 m_1 g		3291
体 寸	断面積 A mm²	7854	供試体質量 $m=m_1-m_2$ g		1772
法	長 さ L mm	127.3	湿潤密度 $\rho_t=m/V$ Mg/m³		1.772
	体積 V mm³ 1000(cm³)×10³		乾燥密度 $\rho_d=\rho_t/(1+w/100)$ Mg/m³		1.699
			間 隙 比 $e=(\rho_s/\rho_d)-1$		0.560
			飽 和 度 $S_r=w\rho_s/(e\rho_w)$ %		20.4

		試 験 前			試 験 後
含水比	容器No.	45	52	63	
	m_a g	311.5	307.6	309.3	
	m_b g	302.9	299.6	300.4	
	m_c g	103.5	103.4	103.5	
	w, w_i %	4.3	4.1	4.5	
	平均値 %		4.3		

測 定	No.	1	2	3	4	5
	測 定 開 始 時 刻 t_1					
	測 定 終 了 時 刻 t_2					
	測 定 時 間 $t_2-t_1(\varDelta t)$ s	180	210	180	← ストップウォッチで測定した.	
定水位	水 位 差 h mm	150	150	150		
	透 水 量 Q mm³	472 (cm³)×10³	510 (cm³)×10³	460 (cm³)×10³	(cm³)×10³	(cm³)×10³
	T℃に対する透水係数 k_T m/s	2.83×10⁻⁴	2.62×10⁻⁴	2.76×10⁻⁴	← 2.76E-4と表示してもよい.	
変水位	時刻 t_1 における水位差 h_1 mm					
	時刻 t_2 における水位差 h_2 mm					
	T℃に対する透水係数 k_T m/s					
	測 定 時 の 水 温 T ℃	19	19	19	← 試験方法の表から求める.	
	温 度 補 正 係 数 η_T/η_{15}	0.902	0.902	0.902		
	15℃に対する透水係数 k_{15} m/s	2.56×10⁻⁴	2.37×10⁻⁴	2.49×10⁻⁴		
	代 表 値 k_{15} m/s		2.47×10⁻⁴			

特記事項

試料の保水性が低いため, 試験後の供試体質量と含水比の測定を省略した.

体積 V および透水量 Q の記入欄の「×10³」は単位を換算するための係数である.

1) 変水位試験の場合
2) 透水円筒, 底板, シール材などを含む.
3) 保水性の小さい試料は測定を省いてもよい.
4) $k_T=\dfrac{L}{h}\cdot\dfrac{Q}{A(t_2-t_1)}\times\dfrac{1}{1000}$
5) $k_T=2.303\dfrac{aL}{A(t_2-t_1)}\cdot\log\dfrac{h_1}{h_2}\times\dfrac{1}{1000}$
　　$k_{15}=k_T\cdot\eta_T/\eta_{15}$

(公社)地盤工学会 8621

右側データシート

JIS A 1218　土 の 透 水 試 験 （定水位, 変水位）

調査件名　○○工事土質調査　　　試験年月日　2020.8.7

試料番号（深さ）　T-4 (GL-5.00～-5.80m)　　試 験 者　西 島 誠 二

試料				容器			
土 質 名 称		シルト		透水	容 器 No.		5
最 大 粒 径	mm	0.85		円	内 径 D_w mm		60.00
土粒子の密度 ρ_s Mg/m³		2.70		筒	長 さ L_w mm		60.00
スタンドパイプ	内 径 mm	20.00		間	質 量 m_2 g		70.48
	断面積 a mm²	314.2			試 験 用 水		脱気水

供試体作製, 飽和方法　トリミング法によって供試体を作製した. 吸水脱気法

			試 験 前		試 験 後
供試体No.		1		試 験 前	試 験 後
供 試	直 径 D mm	60.00	(供試体＋透水円筒)質量 m_1 g	310.40	312.85
体 寸	断面積 A mm²	2827	供試体質量 $m=m_1-m_2$ g	239.92	242.37
法	長 さ L mm	60.00	湿潤密度 $\rho_t=m/V$ Mg/m³	1.414	1.429
	体積 V mm³ 169.6(cm³)×10³		乾燥密度 $\rho_d=\rho_t/(1+w/100)$ Mg/m³	0.686	0.686
			間 隙 比 $e=(\rho_s/\rho_d)-1$	2.937	2.937
			飽 和 度 $S_r=w\rho_s/(e\rho_w)$ %	97.7	99.7

		試 験 前			試 験 後
含水比	容器No.	208	209	254	12
	m_a g	70.53	72.70	69.71	310.91
	m_b g	45.69	46.70	45.32	184.89
	m_c g	22.30	22.29	22.29	68.54
	w, w_i %	106.2	106.5	105.9	108.3
	平均値 %		106.2		108.3 ← 供試体全量で測定した.

測 定	No.	1	2	3	4	5
	測 定 開 始 時 刻 t_1	11:53:00	14:42:00	9:43:00		
	測 定 終 了 時 刻 t_2	14:41:00	18:39:00	17:15:00		
	測 定 時 間 $t_2-t_1(\varDelta t)$ s	10080	14220	27120		
定水位	水 位 差 h mm					
	透 水 量 Q mm³	(cm³)×10³	(cm³)×10³	(cm³)×10³	(cm³)×10³	(cm³)×10³
	T℃に対する透水係数 k_T m/s					
変水位	時刻 t_1 における水位差 h_1 mm	1714	1715	1717		
	時刻 t_2 における水位差 h_2 mm	1560	1506	1334		
	T℃に対する透水係数 k_T m/s	6.23×10⁻⁸	6.09×10⁻⁸	6.21×10⁻⁸	← 6.21E-8と表示してもよい.	
	測 定 時 の 水 温 T ℃	18.0	18.0	18.0		
	温 度 補 正 係 数 η_T/η_{15}	0.925	0.925	0.925		
	15℃に対する透水係数 k_{15} m/s	5.76×10⁻⁸	5.64×10⁻⁸	5.74×10⁻⁸		
	代 表 値 k_{15} m/s		5.71×10⁻⁸			

特記事項

試料の色：暗灰色

草根が混入している

体積 V の記入欄の「×10³」は単位を換算するための係数である.

1) 変水位試験の場合
2) 透水円筒, 底板, シール材などを含む.
3) 保水性の小さい試料は測定を省いてもよい.
4) $k_T=\dfrac{L}{h}\cdot\dfrac{Q}{A(t_2-t_1)}\times\dfrac{1}{1000}$
5) $k_T=2.303\dfrac{aL}{A(t_2-t_1)}\cdot\log\dfrac{h_1}{h_2}\times\dfrac{1}{1000}$
　　$k_{15}=k_T\cdot\eta_T/\eta_{15}$

(公社)地盤工学会 8621

第 10 章　土懸濁液の pH 試験

1.　試験の目的

　土の pH は，環境問題だけではなく，土質改良や地盤中のコンクリート劣化，鋼材の腐食，植生への影響等にも関係する重要な指標である．土の pH を調べるには，間隙水中の pH を調べることが望ましいが，直接測定することが難しいため，試験では土試料に一定の質量比で水を加えた土懸濁液の pH を測定する．

　pH の値は，水溶液の酸性やアルカリ性の程度を判断するのに用いられる．純粋な水は中性なので pH ＝ 7 を示し，水溶液の pH が 7 より大きい場合をアルカリ性，7 より小さい場合を酸性という．

　この試験法は JGS 0211「土懸濁液の pH 試験方法」によって規定されている．

2.　試験器具および試薬

(1)　試験器具

① ガラス電極式 pH 計：最小読取値 0.01 以下のもの．

② はかり：0.01 g 程度まで測定できるもの．

③ ビーカー：容量が 100〜500 mL のもの．

④ 温度計：最小目盛 0.5 ℃ 以下のもの．

⑤ その他：ピンセット，洗浄びん，撹拌棒，ろ紙，ふるい

(2)　試薬

① pH 標準液：フタル酸塩（pH ＝ 4.01），

　　　　　　　　　中性りん酸塩（pH ＝ 6.86）など

② 水：イオン交換水，または蒸留水など

3.　試験方法

(1)　懸濁液の作成

① **第 1 章**「5. 乱した土の試料調製」にしたがって非乾燥法によって pH を測定する目的の試料を用意する．粒径 10 mm 以上の土粒子をふるいもしくはピンセットなどで取り除いたものを試料とする．

② 用意した試料の含水比 w (%) をあらかじめ測定しておく（**第 2 章**参照）．

③ 試料の粒径を考えて，**表-10.1** に示す量の試料を用意する．

④ 1 回分の湿潤試料の質量 m (g) を測定した後，試料をビーカーに入れる．

⑤ 試料の乾燥質量に対する水の質量比が 5 になるように水 V_w (mL) を加える．このとき試料中の水の量も考慮すること．

⑥ 撹拌棒で試料をときほぐし，懸濁液の状態にする．

⑦ 懸濁液の状態で 30 分以上，3 時間以内の時間，静かにおいておく．これを試験に用いる試料液とする．

pH とは，水溶液中の水素イオン H^+ の濃度を 1000 mL 中に存在する水素イオンのモル数（モル濃度）$[H^+]$ で求め，以下の式で定義される．

$$pH = \log \frac{1}{[H^+]} = -\log [H^+]$$

純水の水は 25℃，1 気圧において水素イオン濃度は，$[H^+] \cong 10^{-7}$（モル/1 000 mL）であるので，

$$pH = \log \frac{1}{10^{-7}} = -\log[10^{-7}] = 7$$

図-10.1　pH 計の例

一般的に土の pH 測定にはガラス電極式 pH 計が用いられる．ガラス電極法はガラス薄膜を pH が違う 2 つの溶液の境界においたとき，ガラス薄膜に生じる電位差を測定する方法である．

標準液は pH 計そのものを試験測定前に調整するのに用いられる．中性りん酸塩とフタル酸塩等を用いる．pH 標準液の温度によって示す pH 値は**表-10.2** に示している．

①：土は乾燥させることによって pH 値が変化することがあるので乾燥を避けるために速やかに試料調製を行うとよい．

⑤：例えば，含水比 1.01% の試料 150 g をビーカーに入れたとき，試料の炉乾燥質量が 148.5 g なので，試料中の水の量 1.5 g を考慮して，741 g（＝ 148.5 × 5-1.5）の水を加える．

⑧ 懸濁液の温度 (℃) を測定する.

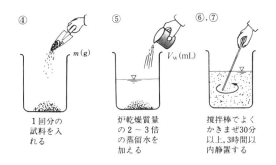

④　1回分の試料を入れる

⑤　炉乾燥質量の 2 ～ 3 倍の蒸留水を加える

⑥,⑦　撹拌棒でよくかきまぜ30分以上, 3時間以内静置する

試料番号（深さ）	関東ローム（日立市, GL-0.90～-1.10m）		
ビーカー No.	1A	1B	←④
試料の湿潤質量　m　g	58.0	58.3	
計算で求めた炉乾燥試料の質量　m_s　g	30.0	30.1	
加えた水の量　V_w　mL	124	124	←⑤
試料の乾燥質量に対する水の質量比　R_w	5.07	5.06	
試料液の温度　　℃	25.2	25.3	←⑧
pH　測定値			
pH　平均値			
電気伝導率　測定値 χ mS/m			
電気伝導率　平均値 χ mS/m			
含水比　容器 No.	122	852	1281
含水比　m_a　g	42.04	42.22	42.34
含水比　m_b　g	32.47	32.54	32.58
含水比　m_c　g	22.18	22.17	22.18
含水比　w　%	93.0	93.3	93.8 ←②
含水比　平均値　w　%	93.4		
特記事項	2mm以上の土粒子を含むが, 少量のため, 試料の炉乾燥質量は30gで実施した.		

表-10.1　必要な試料の量とビーカーの容量の目安

試料の粒径 (mm)	試料の質量 (g)	ビーカーの容量 (mL)
10 以下	150	1 000
5 以下	100	500
2 以下	30	200

(2)　pH 計の校正

① フタル酸塩 pH 標準液や中性りん酸塩 pH 標準液などを入れたビーカーを用意する.

② 洗浄されているビーカーに水を入れ, 電源の入っている pH 計の電極を水に 10 分間以上浸しておく.

③ pH 計の電極を水で洗浄し, ろ紙などで水滴をふき取る.

④ ビーカーに入っている pH 標準液の温度 (℃) をそれぞれ測定し, この温度に対する標準液の pH の値を**表-10.2** から読みとる.

⑤ 中性りん酸塩 pH 標準液を入れたビーカーの液中に電極を入れ, pH 計の指示値が④で測定した温度の pH に一致するよう pH 計を調整する.

⑥ 電極を水で十分に洗浄し, ろ紙などで水滴を吸い取る.

⑦ フタル酸塩 pH 標準液に対しても, ⑤の操作を行う.

⑧ 電極を⑥にしたがって洗浄する.

⑨ ⑤～⑧の作業を繰り返し, 両方の指示値が④で求めた pH にそれぞれ±0.1 以内で一致するよう調整できれば, 試料液の pH の測定に入る.

> 試料液の pH が 2 以下の場合は, フタル酸塩pH標準液の代わりにしょう酸塩を, pH が 10 以上の場合には, ほう酸塩または炭酸塩を pH 標準液として用いる.

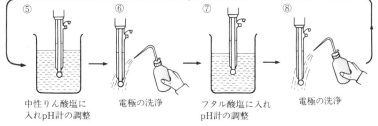

⑤　中性りん酸塩に入れpH計の調整

⑥　電極の洗浄

⑦　フタル酸塩に入れpH計の調整

⑧　電極の洗浄

表-10.2　pH 標準液の各温度における pH

温度(℃)	しゅう酸塩	フタル酸塩	中性りん酸塩	ほう酸塩	炭酸塩
0	1.67	4.01	6.98	9.46	10.32
5	1.67	4.01	6.95	9.39	10.25
10	1.67	4.00	6.92	9.33	10.18
15	1.67	4.00	6.90	9.27	10.12
20	1.68	4.00	6.88	9.22	10.07
25	1.68	4.01	6.86	9.18	10.02
30	1.69	4.01	6.85	9.14	9.97
35	1.69	4.02	6.84	9.10	9.93
40	1.70	4.03	6.84	9.07	—

(3)　pH の測定

①　pH 計の電極を水で洗浄し，ろ紙などで水滴をふき取る．

②　**3.(1)** で作製された 2 つのビーカー内の試料液を攪拌棒で軽くかき混ぜる．

③　pH 標準液と試料液との温度の違いをできるだけ小さくする．

④　電極を一つのビーカー内の試料液に挿入し，pH 計の指示値が安定したら，pH を小数点以下 2 桁まで読みとる．

⑤　試料液の温度を測定し，小数点以下 1 桁まで読みとる．

⑥　別の試料液を測定する場合は，その都度，電極を水で十分に洗浄し，ろ紙などの紙で水滴を吸い取ってから，再度測定する．

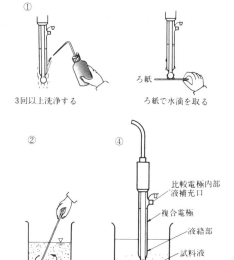

①

3 回以上洗浄する

ろ紙で水滴を取る

②　　　④

比較電極内部
液補充口

複合電極

液絡部

試料液

⑥測定値の記入例

pH	測定値	6.67	6.71
	平均値	6.7	

> pH 測定の際には pH 計の電極が図に示されている程度の深さまで浸漬するとよい.
> pH 計の調整および pH の測定時には，内部液が左図のように液絡部を介して試料液と接するよう比較電極内部液の補充口を開ける．このとき内部液の液面は試料液の液面より必ず高くなければならない.
> pH 計の電極は pH=7 の緩衝溶液を入れたガラス電極と KCl 溶液を入れた比較電極からなる．ガラス電極と比較電極の電位差を pH 差として測定している.

> pH 標準液の使用期限は未開封の状態で約 1 年. 標準液は使用するたび容器からビーカーなどに移して使用し、一度小分けしたものは容器に戻したり、再使用したりしない. 開栓したものは、目安として pH4（フタル酸塩）標準液および pH7（中性リン酸塩）標準液は 6 ヶ月、pH9 標準液は 3 ヶ月が目安である. 特に、アルカリ性の標準液は、空気中の二酸化炭素と反応して pH 値が低下しやすいため、長期保存しない.
> 〈出典：HORIBA ホームページ（https://www.horiba.com/)〉

4.　結果の利用と関連知識

(1)　各種の土の pH 測定例

土の pH は，鉱物組成，有機物含有量，間隙水に含まれている成分などによって様々な値を示す．**表-10.3** に代表的な土の pH の測定結果を示す．

一般に日本の表層土は，風化が進んだ火山灰土が多いことや，降雨量が多くてカルシウムやマグネシウム等の塩基類が溶脱しやすいことから，pH は中性から弱酸性である場合が多い．地盤の表層以深に存在する堆積土などの pH は，中性から弱アルカリ性を示すことが多く，土がおかれている環境等によっても pH の傾向が異なる場合がある．また，堆積土においては，過去の堆積環境によっては硫化鉄等の硫化物を含むことがあり，掘削後に空気や水との接触によって酸化され、硫酸を発生する酸性土が存在することもある．このような酸性土は，酸性水の発生により，構造物や植生・生態系への影響をもたらすことから，掘削を伴う工事においては，酸性化特性の評価や対応が実務において重要な課題となっている．

(2)　土の pH が地盤環境等に与える影響

　土の pH は，一般に見られるような弱酸性から弱アルカリ性では，土の性状や地盤工学的な特性，地盤環境に影響を与えることは少ないが，強い酸性やアルカリ性になると影響する場合がある．例えば，酸性土等が原因で pH が酸性になると，コンクリートの劣化や鋼材の腐食速度を増加させるため，構造物の耐久性を低減させることにつながる．また，地盤改良材として使用するセメントや石灰の改質効果も酸によって低減する場合がある．一方で，自然環境では土が強いアルカリ性になることは少ないが，近年の都市部の再開発事業などにおいては，過去にセメントや石灰等で地盤改良が施工されていたり，流動化処理土を用いたことなどが原因で，掘削時にアルカリ性の土砂が発生する事例がある．これら酸性またはアルカリ性の土と接触した水が河川や湖沼に流入すると，生物への影響が懸念されることから，土砂利用・処分時には十分に注意が必要である．

　土の pH は，土壌汚染の原因物質となっている重金属等の溶出特性にも大きく影響する．酸性になると，鉛やカドミウム等の水に溶解して陽イオンとなる重金属が溶出しやすくなり，一方でアルカリ性になると，砒素やセレン等の水に溶解して陰イオンとなる重金属が溶出しやすくなる．そのため，中性では重金属の溶出がなかった土が，pH 変化によって溶出量が変化する可能性があるため，土の pH を調べることは重要である．

表-10.3　土懸濁液の pH の測定例 [1]

試料名	採取場所	測定値
ローム	日立市	6.7
ローム	千代田区	6.9
泥岩	大磯町	9.3
泥岩	東京都	4.0
まさ土	大津市	6.8
黒ぼく	綾瀬市	6.3
沖積粘土	倉吉市	7.0
沖積粘土	品川区	8.4
沖積粘土	大阪湾	8.1
有機質粘土	横浜市	6.2
腐植土	彦根市	5.6
水底土	中海	7.9
泥炭	岩見沢	4.8

5.　設問

(1)　pH とはどのように定義されるか．

(2)　pH の大きさによって，酸性とアルカリ性はどのように区別されるか．

(3)　pH 標準液としてどのような試薬が使用されるか．

(4)　土の pH を測定するには，土をどのような状態にする必要があるか．

(5)　地盤を取り巻く環境問題と土の pH の関係を述べよ．

(6)　日本における代表的な土の pH はどのくらいか．

(7)　コンクリートが強い侵食性を受けるのは，アルカリ性か酸性か．

引用・参考文献

　1)　地盤工学会編：地盤材料試験の方法と解説［第一回改訂版］，pp. 322–328, 2020.

JGS ⓪211 ⓪212	土懸濁液の (pH) (電気伝導率) 試験	

調査件名　**各種の土の化学的性質調査**　　　　試験年月日　**2020.9.1**

試験者　**北　畠　義　裕**

> pH, 電気伝導率の内, 測定した項目およびJGSの番号を選択する。

使用標準液	しゅう酸塩	フタル酸塩	中性りん酸塩	ほう酸塩	炭酸塩	
温　度　℃		25	25			
pH		4.01	6.86			

試料番号(深さ)	関東ローム (日立市, GL-0.90〜-1.10m)		関東ローム (千代田区, GL-0.50〜-0.60m)	
ビーカー No.	1A	1B	2A	2B
試料の湿潤質量 m g	58.0	58.3	69.9	
計算で求めた炉乾燥試料の質量 m_s g	30.0	30.1	30.1	
加えた水の量 V_w mL	124	124	112	
試料の乾燥質量に対する水の質量比 R_w	5.07	5.06	5.0	
試料液の温度 ℃	25.2	25.3	25.3	25.3
pH 測定値	6.67	6.71	6.92	6.95
pH 平均値	6.7		6.9	
電気伝導率 測定値 χ mS/m	8.61	8.58	14.8	14.6
電気伝導率 平均値 χ mS/m	8.6		15	
含水比 容器 No.	122	852	1281	1451	103
含水比 m_a g	42.04	42.22	42.34	42.94	44.1
含水比 m_b g	32.47	32.54	32.58	31.13	31.6
含水比 m_c g	22.18	22.17	22.18	22.20	22.1
含水比 w %	93.0	93.3	93.8	132	132	132
平均値 w %	93.4			

> 温度補償機能が付加されていない電気伝導率計の場合は, 試料の温度を 25±0.5℃ に保ち測定する。

> pHの値は小数点以下第2位まで測定し, 平均値を求める際に小数点以下第1位に丸める。

> 電気伝導率の値は有効数字3桁まで測定し, 平均値を求める際に2桁に丸める。

特記事項	2mm以上の土粒子を含むが, 少量のため, 試料の炉乾燥質量は30gで実施した。

試料番号(深さ)	腐植土 (彦根市, GL-7.00〜-7.80m)		泥岩 (大磯町, GL-15.40〜-15.50m)	
ビーカー No.	3A	3B	4A	4B
試料の湿潤質量 m g	120.1	120.0	39.2	39.1
計算で求めた炉乾燥試料の質量 m_s g	30.0	30.0	30.0	30.0
加えた水の量 V_w mL	150	150	142	142
試料の乾燥質量に対する水の質量比 R_w	8.00	8.00	5.04	5.04
試料液の温度 ℃	25.1	25.1	25.3	25.2
pH 測定値	5.62	5.59	9.28	9.30
pH 平均値	5.6		9.3	
電気伝導率 測定値 χ mS/m	7.15	7.02	43.0	42.8
電気伝導率 平均値 χ mS/m	7.1		43	
含水比 容器 No.	717	365	1890	556	1914	1256
含水比 m_a g	40.06	38.81	37.91	42.10	43.84	44.84
含水比 m_b g	26.74	26.29	26.10	37.43	38.78	39.55
含水比 m_c g	22.18	22.20	22.19	22.17	22.19	22.20
含水比 w %	292	306	302	30.6	30.5	30.5
平均値 w %	300		30.5	

特記事項	規定量の水を加えても懸濁液状にならなかったため, 規定量以上となる150mLの水を加えた。	試料表面は黄褐色に酸化していたため, 酸化部を取り除いた後粉砕し試料とした。

$$m_s = \frac{m}{1 + w/100}$$

$$R_w = \frac{m - m_s + V_w\,\rho_w}{m_s}$$

第 11 章　土の圧密試験

1.　試験の目的

　物体にある大きさの圧縮力を加えたとき，**図-11.1** のように圧縮力の作用方向に変形または縮むことを圧縮という．土に圧力が加わると土粒子で形成される骨格（土粒子骨格）が縮み，間隙中の水や空気が抜け，間隙の体積が減少し圧縮が生じる．飽和した粘性土の場合，透水性が低いので排水に長い時間がかかり，体積がゆっくりと減少する．このような圧縮を圧密という．圧密試験では土の圧密沈下量や沈下時間，圧縮性を表す定数（圧密係数 c_V，圧縮指数 C_c，体積圧縮係数 m_V）および圧密降伏応力 p_c を求めることを目的とする．

　圧密試験で得られた各種定数を計算式に当てはめることで，構造物などの荷重による粘性土地盤の沈下量や沈下時間を予測することができる．

　この試験方法は，JIS A 1217「土の段階載荷による圧密試験方法」で規定されている．

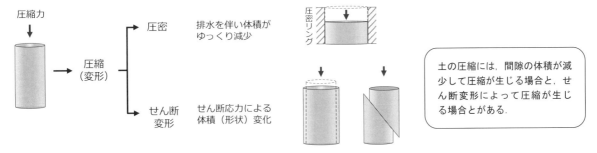

図-11.1　土の圧縮と変形

2.　試験器具

①圧密試験機

　圧密試験機は，圧密容器（**図-11.2**），水浸容器，載荷装置，変位計から構成される．さらに圧密容器は圧密リング（内径 60 mm，高さ 20 mm），ガイドリング，加圧板，底板で構成されている．

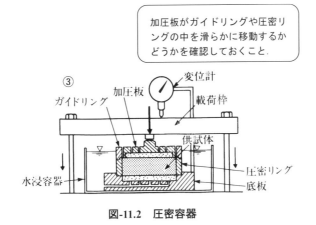

図-11.2　圧密容器

②供試体作製器具（トリマー，カッターリング，供試体押し込み円板，ワイヤソー，直ナイフ）

調整板に沿って
ワイヤソーで
成形

調整板

φ70～100 mm

80～100 mm

試料

トリマーの例

圧密リングの内径

カッターリングの例

柄

圧密リングの内径
より0.3mm程度小
さい

供試体押込み円板の例

③その他の器具

はかり，ノギス，含水比測定器具，時計，温度計（最小目盛 1 ℃）

3. 試料の準備および供試体の作製

(1) 試料および供試体の寸法

①試料にはシンウォールサンプラーから取り出した乱さない飽和粘性土を用いる．

②供試体の大きさは直径 60 mm，高さ 20 mm を標準とする．

(2) 供試体の作製

①圧密リングの質量 m_R (g)，高さ H_0 (mm)，内径 D (mm) をはかる．

②必要な供試体高さよりも 5～10 mm 大きい試料をトリマーの回転板上に置き，ワイヤソー，ナイフなどを用いて試料を供試体の直径よりも 3～5 mm 大きな円盤状に成形する．

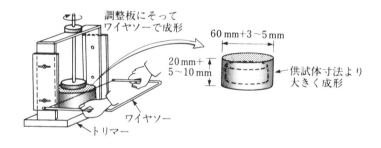

調整板にそって
ワイヤソーで成形

60 mm+3～5 mm

20 mm+
5～10 mm

供試体寸法より
大きく成形

ワイヤソー

トリマー

> カッターリングと圧密リングの内面にシリコンオイルまたはシリコングリースを薄く塗り，供試体との摩擦を軽減するとよい．

> 礫や貝殻があれば取り除き，できたくぼみは削りくずで埋める．

③試料の上面に圧密リングを装着したカッターリングを置き，試料を直ナイフでカッターリングの内径よりも大きめに削る．

④カッターリングを押して試料に 2～3 mm 押し込む．

⑤③と④を繰り返してカッターリング内に試料を隙間なく入れる．

⑥供試体押し込み円板を用いてカッターリング内の試料を圧密リング内に移す．

⑦カッターリングをはずし，圧密リングからはみ出ている試料をワイヤソーや直ナイフで切り落とし，両端面を平面に仕上げる．

⑧圧密リングに供試体を入れた状態の質量 m_T (g) をはかる．また削りくずから試料の初期含水比 w_0 (%) を求める．

⑨供試体の初期質量 m_0 (g) を $(m_T - m_R)$ (g) から求める．

⑩削りくずから試料を取り，土粒子の密度 ρ_s (Mg/m³) を求める．

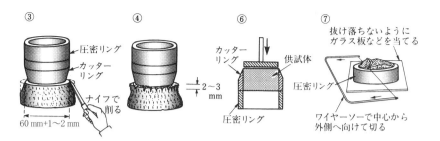

4. 試験方法

4.1 供試体の準備

①圧密試験には標準圧密試験機を使用する.

②底板上に供試体の入った圧密リングを置く.

③圧密リングの上に, ガイドリング, 加圧板を取り付け, 圧密容器を組み立てる.

④圧密容器を空の水浸容器に入れ, 載荷装置に設置し, 変位計を取り付ける.

⑤圧密荷重載荷装置のレバーが水平になるように調整用ハンドルを回転させて調整する.

> 多孔板に土粒子の侵入が懸念される場合は, 圧縮性の小さな親水性の透水性薄膜をフィルターとして用いる.

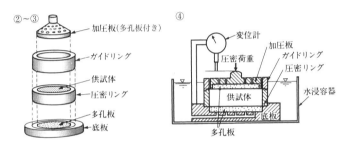

> 洪積粘土などの硬い粘土では, 供試体の吸水膨張を防ぐために多孔板は乾燥状態のものを用いる. 沖積粘土では湿らせたものを用いる.
> 後で載荷によって圧密降伏応力を越えた時点で, 左図のように水浸容器に水を満たす.

4.2 載荷と圧密量の測定

①圧密圧力の載荷前に経過時間 $t = 0$ における変位計の値 d_i (mm) を読みとる.

②第 1 段目の圧密圧力 $p = 9.8$ kN/m² (10 kN/m²) を衝撃を加えないようにゆっくりと重錘を乗せ, 圧密をはじめる. なお, 第 1 段目の圧密圧力は土の硬さに応じて決定する.

③載荷後の経過時間が 3, 6, 9, 12, 18, 30, 42 秒 (s), 1, 1.5, 2, 3, 5, 7, 10, 15, 20, 30, 40 分 (min), 1, 1.5, 2, 3, 6, 12, 24 時間 (h) のときの変位計を読み, 圧密量の読み d (mm) として記録する.

④以後, 圧密圧力を荷重増分比 $\Delta p/p$ を 1 として, 19.6 (20), 39.2 (40), 78.5 (80), 157 (160), 314 (320), 628 (640), 1 256 (1 280) kN/m² と増加させながら, 経過時間 t に対する変位計の読み d (mm) を記録し, 各圧密圧力段階で 24 時間圧密する.

⑤レバーが下がってきた場合は, レバーが水平になるように調整用ハンドルを回転させて調整する

⑥最終段階の圧密圧力 1 256 (1 280) kN/m² による圧密が終了した後, 必要に応じて 9.8 (10) kN/m² または, 第 1 段目の圧密圧力まで除荷し, 経過時間 t と変位計の読み d (mm) を読みとる. ただし, 除荷過程では 24 時間後の測定のみでもよい.

⑦除荷過程の測定が終了した後, 圧密リングから供試体全量を蒸発皿に取り出し, (110 ± 5) °C で一定質量になるまで炉乾燥し, 供試体の炉乾燥質量 m_s (g) をはかる.

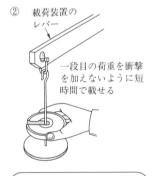

> 最初の載荷直後の読み取り時間は 3, 6, 9, 12 秒と短いので, あらかじめ記録を取る練習をしておくとよい.

> 圧密量を測定する時間は必ずしも③のとおりでなくてもよい. データの整理に都合のよい時間間隔を考えて変更してもよい.

5. 試験結果の整理

5.1 供試体の初期状態

初期状態の供試体の含水比 w_0 (%)，間隙比 e_0，体積比 f_0，飽和度 S_{r0} (%) を次式で求める．

$$w_0 = \frac{(m_T - m_R) - m_s}{m_s} \times 100 \ (\%) \qquad (11.1)$$

$$f_0 = \frac{H_0}{H_s} \qquad (11.2)$$

$$e_0 = f_0 - 1 \qquad (11.3)$$

$$S_{r0} = \frac{w_0 \cdot \rho_s}{e_0 \cdot \rho_w} \ (\%) \qquad (11.4)$$

$$H_s = \frac{m_s}{\rho_s \cdot A} = \frac{m_s}{\rho_s \dfrac{\pi \cdot D^2}{4}} \qquad (11.5)$$

ここに，

m_T：圧密前の供試体と圧密リングの質量 (g)

m_s：供試体の炉乾燥質量 (g)

m_R：圧密リングの質量 (g)

H_0：供試体の初期高さ (mm)

H_s：供試体の実質高さ (mm)

A：供試体の断面積 (mm²)

D：供試体の直径 (mm)

ρ_s：土粒子の密度 (Mg/m³)

ρ_w：水の密度 (Mg/m³) (=1.0 Mg/m³)

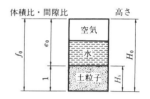

体積比 f とは，土粒子の体積を 1 としたときの土試料全体の体積を表す比である．H_s（供試体の実質高さ）は，土の構成図を考えた場合の土粒子部分の高さをいう．

5.2 圧密量 – 沈下時間の関係

各荷重段階における圧密量と時間の関係を，$\sqrt{t}$ 法または曲線定規法を用いて整理する．

$\sqrt{t}$ 法に必要な項目

d - $\sqrt{t}$ 曲線，d_0 (mm)，d_{90} (mm)，t_{90}

曲線定規法に必要な項目

d - $\log t$ 曲線，曲線定規，d_0 (mm)，d_{100} (mm)，t_{50}

> 圧密時間の推定に必要な圧密係数 c_v を決定するために各圧密圧力段階における圧密量と沈下時間の関係が必要．圧密係数 c_v を決めるために $\sqrt{t}$ 法は 90%圧密時間 t_{90} を用い，曲線定規法では 50%圧密時間 t_{50} を用いる違いがある．

(1) $\sqrt{t}$ 法による整理

①各荷重段階で得られた圧密量と時間のデータを縦軸に算術目盛で圧密量 d (mm) を，横軸に時間 t (s) を $\sqrt{t}$ 目盛にとって d - $\sqrt{t}$ 曲線をそれぞれ描く．

②d - $\sqrt{t}$ 曲線の初期の直線部分を延長し，初期直線を描き，縦軸との交点を初期補正点の値 d_0 (mm) とする．

③初期直線が示す水平距離の 1.15 倍の水平距離を持つ直線を初期補正点を通るように引く．この 1.15 倍の線と実験データから描かれた d - $\sqrt{t}$ 曲線との交点を理論圧密度が 90%の点として，この点の圧密量 d_{90} (mm) とその時間 t_{90} (s) を読みとる．

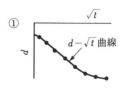
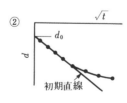
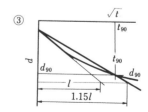

④各圧密圧力段階における圧密量 ΔH (mm) と一次圧密量 ΔH_1 (mm) を決める.

$$\Delta H = d_\mathrm{f} - d_\mathrm{i} \text{ (mm)} \tag{11.6}$$

$$\Delta H_1 = \frac{10}{9}(d_{90} - d_0) \text{ (mm)} \tag{11.7}$$

載　荷　段　階		4	5	6
圧 密 圧 力 p	kN/m²	78.5	157	314
載荷直前読み d_i	mm	0.343	0.774	1.852
圧密度0%読み d_0	mm	0.400	0.783	1.852
最 終 読 み d_f	mm	0.774	1.852	3.456
圧密度90%読み d_{90}	mm	0.542	1.210	2.580
圧密度100%読み d_{100}	mm	0.557	1.257	2.661
圧密度90%時間 t_{90}	s	37	138	191

ここに,

d_i：各圧密段階の圧密開始時の圧密量の読み (mm)

d_f：各圧密段階の圧密終了時の圧密量の読み (mm)

d_0：各圧密段階の初期補正値 (mm)

d_{90}：各圧密段階の理論圧密度 90%の圧密量の読み (mm)

> $\sqrt{t}$ 法はテイラー法とも呼ばれ, 圧密度 90%において直線近似曲線の時間誤差が実験曲線の 15%となることを利用したもの.

> 載荷前は供試体と圧密容器とのなじみが悪いため第一段階目は初期補正を行う必要がある. 第二段階目以降は初期補正を省略してもよい.

(2) 曲線定規法による整理

①各荷重段階で得られた圧密量と時間のデータを縦軸に算術目盛で圧密量 d (mm) を, 横軸に時間 t (s) を対数目盛でとって d - $\log t$ 曲線を描く.

②d - $\log t$ 曲線を描いたものと同じ長さの $\log$ サイクルの片対数紙に多数の理論曲線を描いて曲線定規を作成する.

③測定結果から描いた d - $\log t$ 曲線を曲線定規で重ね, 上下左右に平行移動し, d - $\log t$ 曲線が初期部分を含み交差しないで最も長い範囲で一致する理論曲線を選ぶ.

④一致した理論曲線の水平軸から d - $\log t$ 曲線における初期補正点値 d_0 (mm) を読む. 曲線定規の値 t_{50} (s), および値 d_{100} (mm) を読みとる.

⑤各圧密圧力段階における圧密量 ΔH (mm) と一次圧密量 ΔH_1 (mm) を決める.

$$\Delta H = d_\mathrm{f} - d_\mathrm{i} \text{ (mm)} \tag{11.8}$$

$$\Delta H_1 = d_{100} - d_0 \text{ (mm)} \tag{11.9}$$

ここに,

d_i：各圧密段階の圧密開始時の圧密量の読み (mm)

d_f：各圧密段階の圧密終了時の圧密量の読み (mm)

d_0：各圧密段階の初期補正値 (mm)

d_{100}：各圧密段階の理論圧密度 100%の圧密量の読み (mm)

> 曲線定規の作成方法
> ①各圧密段階の圧密量と時間のデータを整理するのと同じ log サイクルの片対数用紙を用意する.
> ②表に示す理論上の圧密度 U と時間係数 T_v の関係を圧密度を縦軸に普通目盛で, 時間係数を横軸に対数目盛でとり, たくさんの圧密度 - 時間係数曲線を描く.
> ③図の○の位置に圧密度100%の位置を取り, 下の表の圧密度と時間係数の関係（理論曲線）を描く. 同様に○の位置に圧密度100%をとり理論曲線を描く.
> ④順次, 圧密度 100%の位置を変えて理論曲線をたくさん描いていくと曲線定規が出来上がる.

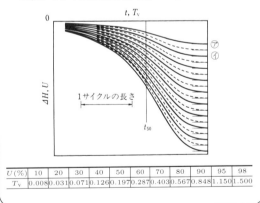

U (%)	10	20	30	40	50	60	70	80	90	95	98
T_v	0.008	0.031	0.071	0.126	0.197	0.287	0.403	0.567	0.848	1.150	1.500

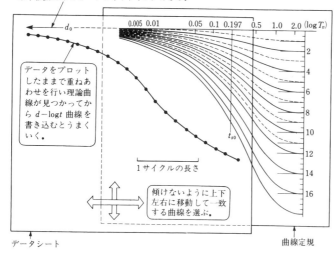

③ d_0 を見つけておけば曲線定規の水平軸と重ねることで水平移動だけでカーブフィッティングできる。

> d - $\log t$ 曲線と曲線定規の重ね合わせは、慣れない間はうまくいかない。$\sqrt{t}$ 法による初期補正値 d_0 (mm) を求めておくと曲線定規の水平軸を d_0 (mm) に重ねることで曲線と曲線定規のカーブフィッティングは左右の平行移動ですむ。

5.3　各圧密圧力段階での一次圧密比の計算

①まず各圧密圧力段階での圧密終了時の供試体高さ H (mm) と平均供試体高さ $\bar{H}$ (mm) を計算する。

$$H = H' - \Delta H \text{ (mm)} \tag{11.10}$$

$$\bar{H} = \frac{H + H'}{2} \text{ (mm)} \tag{11.11}$$

ここで、

H' : 直前の段階の圧密終了時の供試体高さ (mm)

②各圧密圧力段階での一次圧密比 r を計算する。

$$r = \frac{\Delta H_1}{\Delta H} \tag{11.12}$$

載荷段階	圧密圧力 p kN/m²	圧力増分 Δp kN/m²	圧 密 量 ΔH mm	供試体高さ H mm	平均供試体高さ $\bar{H}$ mm
0	0			20.00	
		9.8	0.050		19.98
1	9.8			19.95	
		9.8	0.081		19.91
2	19.6			19.87	
		19.6	0.166		19.79
3	39.2			19.70	
		39.3	0.431		19.49

5.4　各圧密圧力段階での圧密係数の計算

①各圧密圧力段階での圧密係数 c_v (m²/s) を計算する。

$\sqrt{t}$ 法による場合と曲線定規法による場合では計算式が異なる。

$\sqrt{t}$ 法による場合
$$c_v = \frac{0.848}{t_{90}}\left(\frac{\bar{H}}{2}\right)^2 \times 10^{-6} \text{ (m²/s)} \tag{11.13}$$

曲線定規法による場合
$$c_v = \frac{0.197}{t_{50}}\left(\frac{\bar{H}}{2}\right)^2 \times 10^{-6} \text{ (m²/s)} \tag{11.14}$$

②各圧密圧力段階での補正圧密係数 c'_v (m²/s) を求める。

$$c'_v = rc_v \text{ (m²/s)} \tag{11.15}$$

> 過圧密領域では一次圧密比や圧密係数の値を強いて求める必要はない。

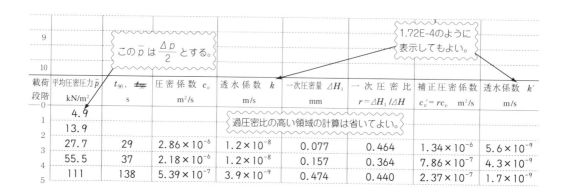

この $\bar{p}$ は $\frac{\Delta p}{2}$ とする。

1.72E-4のように表示してもよい。

載荷段階	平均圧密圧力 $\bar{p}$ kN/m²	t_{90}, t_{50} s	圧 密 係 数 c_v m²/s	透 水 係 数 k m/s	一次圧密量 ΔH_1 mm	一 次 圧 密 比 $r = \Delta H_1/\Delta H$	補正圧密係数 $c_v' = rc_v$ m²/s	透 水 係 数 k' m/s
0								
1	4.9							
2	13.9			過圧密比の高い領域の計算は省いてよい。				
3	27.7	29	2.86×10^{-6}	1.2×10^{-8}	0.077	0.464	1.34×10^{-6}	5.6×10^{-9}
4	55.5	37	2.18×10^{-6}	1.2×10^{-8}	0.157	0.364	7.86×10^{-7}	4.3×10^{-9}
5	111	138	5.39×10^{-7}	3.9×10^{-9}	0.474	0.440	2.37×10^{-7}	1.7×10^{-9}

5.5　各圧密圧力段階での体積圧縮係数と透水係数の計算

①各圧密圧力段階での圧縮ひずみ $\Delta\varepsilon$ を以下の式で求める.

$$\Delta\varepsilon = \frac{\Delta H}{\overline{H}} \tag{11.16}$$

②各圧密圧力段階での体積圧縮係数 m_v (m²/kN) を以下の式で求める.

$$m_v = \frac{\Delta\varepsilon}{\Delta p} \qquad (\text{m}^2/\text{kN}) \tag{11.17}$$

ここで,

Δp : 各段階の圧密圧力の増分 (kN/m²)

③各圧密圧力段階での透水係数 k を次式で算定する.

$$k = c_v \times m_v \times \gamma_w \quad (\text{m/s}) \tag{11.18}$$

ここで,

k : 透水係数 (m/s)

c_v : 圧密係数 (m²/s)

m_v : 体積圧縮係数 (m²/kN)

γ_w : 水の単位体積重量 (kN/m³) （=9.81 kN/m³)

5.6　e - $\log p$ 曲線または f - $\log p$ 曲線と圧縮指数 C_c の決定

①各圧密圧力における圧密終了時の体積比 f および間隙比 e を次式で求める.

$$f = \frac{H}{H_s} \tag{11.19}$$

$$e = f - 1 \tag{11.20}$$

②縦軸に間隙比 e または体積比 f を算術目盛でとり，横軸にそれぞれの間隙比や体積比に対する圧密圧力 p を対数目盛でとり，e - $\log p$ 曲線または f - $\log p$ 曲線を描く.

③e - $\log p$ 曲線または f - $\log p$ 曲線の明瞭な直線部分において 2 点 a，b をとり，圧縮指数 C_c を次式で求める.

$$C_c = \frac{e_a - e_b}{\log\left(\frac{p_b}{p_a}\right)} \tag{11.21}$$

または $\quad C_c = \dfrac{f_a - f_b}{\log\left(\frac{p_b}{p_a}\right)} \tag{11.22}$

> 縦軸の間隙比の目盛間隔については，横軸の対数目盛の 1 サイクルの長さの 0.1～0.25 倍の間隙比の 0.1 に相当するようにとる．これは間隙比の目盛間隔の取り方によって圧密降伏応力が変わらないようにするためである.

> 明瞭な直線部分が認められない場合は，最も勾配の大きい部分を直線近似して求める.

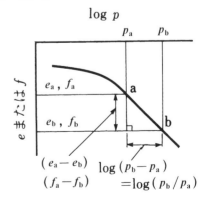

5.7　圧密降伏応力の決定

土の圧密降伏応力を求める方法には，方法1（三笠の方法）と方法2（キャサグランデの図解法）がある．

(1)　方法1（三笠の方法）

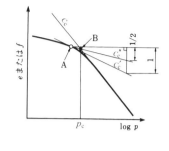

①e-$\log p$曲線またはf-$\log p$曲線を用意する．

②すでに求めた圧縮指数C_cから$C'_c = 0.1 + 0.25C_c$を計算し，C'_cの勾配を有する直線がe-$\log p$曲線またはf-$\log p$曲線と接する接点Aを求める．

③点Aを通って$C''_c = C'_c/2$なる勾配の直線を引き，この直線とC_cを求めたときに用いた直線の延長との交点Bを求める．

④交点Bの横座標で圧密降伏応力p_cが与えられる．

(2)　方法2（キャサグランデの図解法）

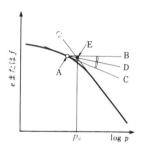

①e-$\log p$曲線またはf-$\log p$曲線を用意する．

②e-$\log p$曲線またはf-$\log p$曲線の最大曲率の点Aを求める．

③点Aから水平線ABおよび点Aでの接線ACを引く．

④直線AB，ACの2等分線ADを引き，これと圧縮指数C_cを求めたときに用いた直線の延長との交点Eを求める．

⑤交点Eの横座標で圧密降伏応力p_cが与えられる．

> 方法1および方法2で圧密降伏応力を求めにくい場合は，圧密圧力を算術目盛にとってe-p曲線またはf-p曲線を描き，その曲線に上に凸な部分が見られなければ圧密降伏応力を求めなくてよい．

> 方法2のキャサグランデの図解法は縦軸の間隙比のスケールを変えると最大曲率の点が変わり，圧密降伏応力の値が異なって求められるため間隙比のスケールのとりかたに注意する．
> 方法2では最大曲率の点Aは描いた曲線を見て直感で決めなければならない．

6.　結果の利用と関連知識

圧密試験結果から得られた諸係数を使って，圧密沈下が問題となる粘土地盤に荷重が載荷された場合の最終的な圧密沈下量の推定や圧密沈下終了までの沈下時間の計算を行うことができる．

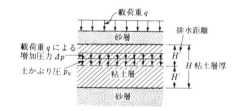

6.1　圧密沈下量Sの推定

圧密沈下を引き起こすと推測される粘土層中央面での載荷前の土被り圧p_0と載荷重による増加圧力Δpを求め，圧密沈下量Sの推定を行う．圧密沈下量の推定に必要な係数は，圧縮指数C_cと体積圧縮係数m_vである．2つの係数は粘土の圧縮性を表す係数である．

　圧縮指数 C_c：　　　　増加圧密圧力に対する間隙比の変化量を示す係数．ただし，広い範囲でe-$\log p$曲線またはf-$\log p$曲線が直線を示す部分から求める．

　体積圧縮係数 m_v：　増加圧密圧力に対する体積ひずみを示す係数．各圧密圧力に対して求められる．

(1) e-$\log p$ 曲線または f-$\log p$ 曲線を用いる方法 （e-$\log p$ 法, f-$\log p$ 法）

圧密試験で得た e-$\log p$ 曲線または f-$\log p$ 曲線から，圧密圧力 p_0 および，$p_1 (=p_0+\Delta p)$ における間隙比 e_0，e_1 を読み取り次式で圧密沈下量 S を求める．

$$S = H \cdot \frac{e_0 - e_1}{1 + e_0} \quad (\text{m}) \tag{11.23}$$

ここで，H：粘土層厚（m）

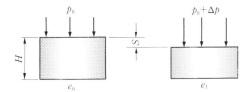

(2) 圧縮指数 C_c を用いる方法 （C_c 法）

圧密試験で得た e-$\log p$ 曲線または f-$\log p$ 曲線から，圧縮指数 C_c と圧密圧力 p_0 における間隙比 e_0 を求め，圧密沈下量 S を求める．この方法は，沈下が正規圧密領域のみで起こるときに適用できる．

$$S = H \cdot \frac{C_c}{1 + e_0} \cdot \log_{10} \frac{p_0 + \Delta p}{p_0} \quad (\text{m}) \tag{11.24}$$

(3) 体積圧縮係数 m_v を用いる方法 （m_v 法）

圧密試験で得られた体積圧縮係数 m_v と増加圧力 Δp から，圧密沈下量 S を求める．

$$S = H \cdot m_v \cdot \Delta p \quad (\text{m}) \tag{11.25}$$

6.2　沈下時間の計算

6.1 で求めた最終的な沈下量を利用して，ある沈下量 S_t に至るまでの時間（沈下時間）t を圧密係数 c_v，圧密度 U，時間係数 T_v を用いて求めることができる．圧密係数 c_v は粘土中の間隙水の流れやすさを表す係数である．圧密度 U は時間的に進行する圧密の程度を示し，圧密最終沈下量を S，時間 t における圧密沈下量を S_t としたときに次式で表すことができる．

$$U = \frac{S_t}{S} \times 100 \quad (\%) \tag{11.26}$$

圧密度 U は，理論的に時間係数 T_v と下図のような関係がある．また，時間係数は，c_v や粘土層の排水経路の長さ H' との間に関連性があるので，次式を使ってある圧密沈下量に至るまでの沈下時間 t を計算することができる．

$$t = \frac{T_v (H')^2}{c_v} \tag{11.27}$$

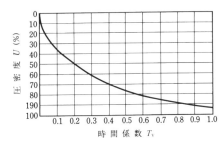

U (%)	T_v
10	0.008
20	0.031
30	0.071
40	0.126
50	0.197
60	0.287
70	0.403
80	0.567
90	0.848

7.　設問

(1)　土が圧縮力を受けた場合，どのような変形を生じるか．

(2)　圧密問題を議論する場合，主にどのような土を対象にするのか？また，同じ圧縮でも「締固め」と何が違うのか．

(3)　圧密試験の結果は，地盤の圧密沈下量のほかに何を予測するのに利用されるか．

(4)　圧密量－沈下時間の関係を整理するには2つの方法がある．その2つの方法の呼び名を述べよ．

(5)　体積比 f と間隙比 e の関係について述べよ．

(6)　圧密降伏応力 p_c の求め方について説明せよ．

(7)　最終的な圧密沈下量が 1.6 m と推定されている粘土層がある．ある時点での沈下量が 0.64 m であった．この時の圧密度および時間係数を求めよ．

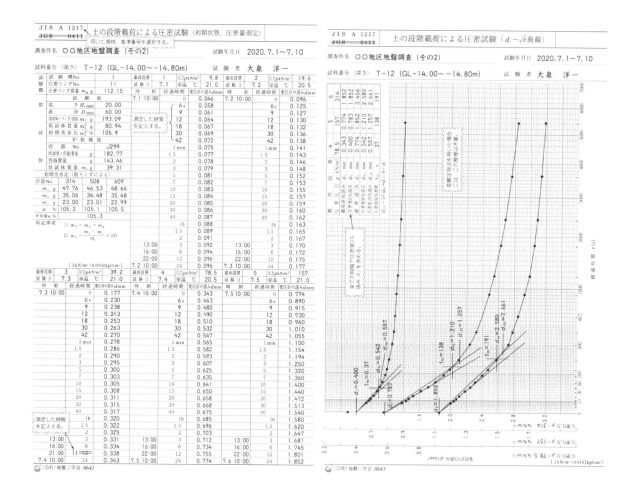

土の段階載荷による圧密試験（圧密量－時間曲線）
JIS A 1217　JGS 0411

調査件名　○○地区地盤調査（その2）　　試験年月日　2020.7.1～7.10

試料番号（深さ）　T-12（GL-14.00～-14.80m）　　試験者　大泉　洋一

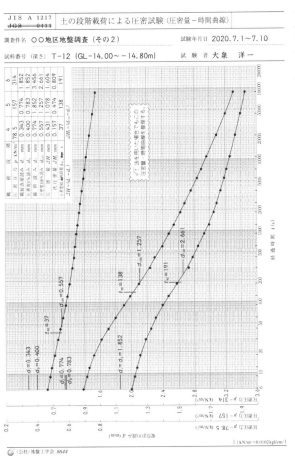

土の段階載荷による圧密試験（計算書）
JIS A 1217　JGS 0411

調査件名　○○地区地盤調査（その2）　　試験年月日　2020.7.1～7.10

試料番号（深さ）　T-12（GL-14.00～-14.80m）　　試験者　大泉　洋一

試験機No	1		直径 D mm	60.00	供	含水比 w_0 %	105.9
最低～最高室温 ℃	20.5～21.0		断面積 A mm²	2827		間隙比 e_0	2.840
土質名称	粘土	試	高さ H_0 mm	20.00	状	湿潤密度 ρ_t Mg/m³	1.432
土粒子の密度 ρ_s Mg/m³	2.67	体	質量 m_0 g	80.94	態	飽和度 S_{r0} %	99.6
液性限界 w_L %	138.0		炉乾燥質量 m_s g	39.31		圧縮指数 C_c	1.00
塑性限界 w_p %	44.5		実質高さ H_s mm	5.208		圧密降伏応力 p_c kN/m²	100

載荷段階	圧密圧力 p kN/m²	圧力増分 Δp kN/m²	圧密量 ΔH mm	供試体高さ H mm	平均供試体高さ $\bar{H}$ mm	Δe_i $\Delta H/\bar{H}$	体積圧縮係数 m_v m²/kN	間隙比 $e=H/H_s-1$
0	0			20.00				2.840
		9.8	0.050		19.98	0.00250	2.55×10^{-4}	
1	9.8			19.95				2.830
		9.8	0.081		19.91	0.00407	4.15×10^{-4}	
2	19.6			19.87				2.815
		19.6	0.166		19.79	0.00839	4.28×10^{-4}	
3	39.2			19.70				2.783
		39.3	0.431		19.49	0.0221	5.62×10^{-4}	
4	78.5			19.27				2.700
		78.5	1.078		18.73	0.0576	7.34×10^{-4}	
5	157			18.19				2.493
		157	1.604		17.39	0.0922	5.87×10^{-4}	
6	314			16.59				2.185
		314	1.539		15.82	0.0973	3.10×10^{-4}	
7	628			15.05				1.890
		628	1.540		14.28	0.108	1.72×10^{-4}	
8	1256			13.51				1.594

載荷段階	平均圧密圧力 $\bar{p}$ kN/m²	t_{50} s	圧密係数 c_v m²/s	透水係数 k m/s	一次圧密量 ΔH_1 mm	一次圧密比 $r=\Delta H_1/\Delta H$	補正圧密係数 $c_v=rc_v$ m²/s	透水係数 k' m/s
0	4.9							
1	13.9							
2	27.7	29	2.86×10^{-6}	1.2×10^{-8}	0.077	0.464	1.34×10^{-6}	5.6×10^{-9}
3	55.5	37	2.18×10^{-6}	1.2×10^{-8}	0.157	0.364	7.86×10^{-7}	4.3×10^{-9}
4	111	138	5.39×10^{-7}	3.9×10^{-9}	0.474	0.440	2.37×10^{-7}	1.7×10^{-9}
5	222	191	3.36×10^{-7}	1.9×10^{-9}	0.809	0.504	1.69×10^{-7}	9.7×10^{-10}
6	444	203	2.61×10^{-7}	7.9×10^{-10}	0.767	0.498	1.30×10^{-7}	4.0×10^{-10}
7	888	149	2.90×10^{-7}	4.9×10^{-10}	0.781	0.507	1.47×10^{-7}	2.5×10^{-10}

特記事項　圧密係数 c_v は $\sqrt{t}$ 法によって求めた。

土の段階載荷による圧密試験（圧縮曲線・透水係数）
JIS A 1217　JGS 0411
JIS A 1227　JGS 0412

調査件名　○○地区地盤調査（その2）　　試験年月日　2020.7.1～7.10

試料番号（深さ）　T-12（GL-14.00～-14.80m）　　試験者　大泉　洋一

土粒子の密度 ρ_s Mg/m³	液性限界 w_L %	塑性限界 w_p %	初期含水比 w_0 %	初期間隙比 e_0	圧縮指数 C_c	圧密降伏応力 p_c kN/m²	ひずみ速度 1/s
2.67	138.0	44.5	105.9	2.840	1.00	100	

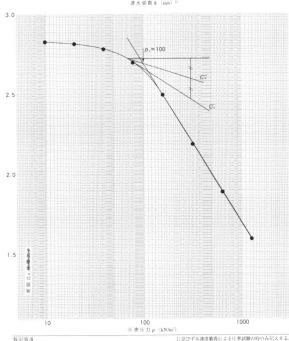

特記事項

土の段階載荷による圧密試験（c_v, m_v-p 関係）
JIS A 1217　JGS 0411
JIS A 1227　JGS 0412

調査件名　○○地区地盤調査（その2）　　試験年月日　2020.7.1～7.10

試料番号（深さ）　T-12（GL-14.00～-14.80m）　　試験者　大泉　洋一

特記事項

第 12 章　土の一面せん断試験

1.　試験の目的

　一面せん断試験は，**図-12.1** に示しているように，上下に分かれたせん断箱に土の供試体を納め，垂直応力を載荷した状態で，せん断箱の一方である可動箱を他方の固定箱に対して直線的に水平移動させてせん断する試験である．この試験の目的は，せん断強さおよびせん断応力とせん断変位の関係を求めることである．試験の方法は，JGS 0560「土の圧密定体積一面せん断試験」，JGS 0561「土の圧密定圧一面せん断試験」に規定されている．

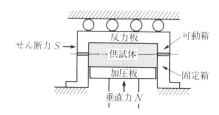

図-12.1　一面せん断試験のせん断箱の可動形式

　土の一面せん断試験には，圧密定体積一面せん断試験と圧密定圧一面せん断試験とがある．

　圧密定体積一面せん断試験は，せん断箱内で，一次元圧密をした土の体積を一定に保った状態で，垂直力を加える方向と直交する一つの面でせん断する方法をいい，そのときの最大せん断応力を定体積せん断強さという．この試験は飽和土では三軸試験における $\overline{CU}$ 試験（**第 14 章**「土の三軸圧縮試験」参照）に対応している．

　圧密定圧一面せん断試験は，せん断箱内で，一次元圧密をした土の垂直応力を一定に保った状態で，垂直力を加える方向と直交する一つの面でせん断する方法をいい，そのときの最大せん断応力を定圧せん断強さという．この試験は三軸試験における CD 試験（**第 14 章**「土の三軸圧縮試験」参照）に対応している．

2.　試験器具

(1)　一面せん断試験機

　この試験機は**図-12.2** に示すように，せん断箱，加圧板，反力板，せん断箱ガイド装置，垂直力載荷装置，せん断力載荷装置，垂直力とせん断力を測定する荷重計，垂直変位とせん断変位を測定する変位計，およびすき間設定用スペーサーから構成される．

　① せん断箱

　　直径 60 mm，高さ 20 mm を標準とする供試体を納める内面の滑らかな金属製の箱で，上下に分かれており，可動箱が固定箱に対して平行に移動でき，上下のせん断箱間にすき間を設定できる機構を有しているもの．

> 直径 60 mm，高さ 20 mm の供試体には最大粒径 0.85 mm 以下の土が適用範囲である．

　② 加圧板

　　供試体に垂直力とせん断力を伝える剛板であり，供試体の吸排水とせん断力を伝えるために表面が粗い多孔板を有し，直径は供試体に対して 0.2 mm 程度小さなもの．多孔板の面積は，加圧板面積の85%以上を有し，透水係数は 10^{-6} m/s とする．

③ 反力板

　加圧板から供試体に加えられる垂直力を受ける剛板であり，供試体の吸排水とせん断力を伝えるために表面が粗い多孔板を有するもの．多孔板の面積は，加圧板面積の 85%以上を有し，透水係数は 10^{-6} m/s 以上とする．

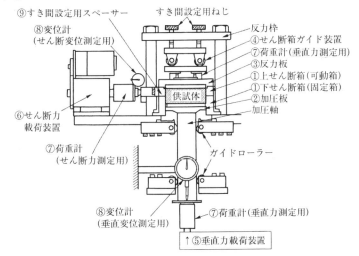

図-12.2　一面せん断試験機の例

④ せん断箱ガイド装置

　可動箱が固定箱に対して平行，かつ滑らかに所定の方向に動くように設置されたもの．

⑤ 垂直力載荷装置

　加圧板に所定の垂直力を加えるもので，供試体にせん断力が働いている間にも所定の垂直力が加圧板に伝えられ，かつ加圧板が傾斜しない機構を持ち，せん断中に垂直力を制御できるもの．

⑥ せん断力載荷装置

　可動箱を荷重計を介して一定速度で滑らかに移動させる装置であり，せん断速度を 0.05〜0.5 mm/min の範囲で設定でき，供試体に有害な振動を与えないもの．

⑦ 荷重計

　垂直力用（加圧板側と反力板側）とせん断力用があり，垂直力および予想されるせん断力の最大値をそれぞれ±1%以下の許容差で測定できるもの．

> 垂直力は，定体積試験では加圧板側，反力板側のどちらで測定してもよいが，定圧試験では必ず反力板側で測定する．

⑧ 変位計

　垂直変位用とせん断変位用があり，それぞれ 0.01 mm 以下の許容差で測定でき，10 mm 以上の容量を有するもの．

⑨ すき間設定用スペーサー

　上下せん断箱間にすき間を与えるためのもの．厚さは 0.2〜0.5 mm とする．

(2)　供試体作製器具

塊状試料の場合には①〜⑤を，塊状でない試料の場合には⑥，⑦を用いる．

① トリマー

　塊状試料を所定の供試体直径よりも少し大きめに成形でき，かつ成形した試料にカッターリングを垂直に圧入できるもの．

> 塊状試料とは，ブロックあるいはサンプラーで，乱さずに採取された塊状の試料のことをいい，通常は粘性土試料である．

② カッターリング

　所定の大きさの供試体と同じ内径と高さを有する内面が滑らかなリングで，その一端は鋭利な刃をもち，他の一端はせん断箱に供試体中心を一致させて，一時的に固定できるもの．

③ ワイヤーソー

直径が 0.2 mm 程度の鋼線を張ったもの.

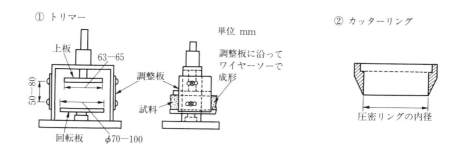

④ 直ナイフ

カッターリングに納めた供試体の端面を平面に整形するための刃を有するもの.

⑤ 供試体挿入具

供試体をカッターリングからせん断箱へ移すためのもの.

⑥ 空中落下法器具

空中落下法で供試体を作製するためのもの.

⑦ 締固め器具

せん断箱の中で試料を締め固めて供試体を作製するためのもの.

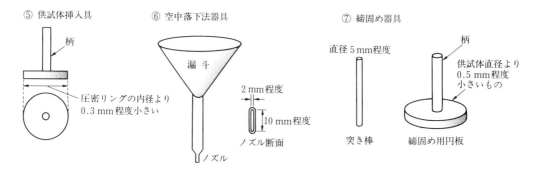

(3)　その他の器具

① はかり：0.01 g まではかることのできるもの.

② 含水比測定器具：**第 2 章**「土の含水比試験」参照.

③ 時計：秒読みができるもの.

3.　供試体の作製

あらかじめ上下せん断箱の間にすき間設定用スペーサーをはさみ，上下せん断箱をテーパーピンなどを用いて固定し，周面摩擦力低減のためにせん断箱内面にシリコンオイルまたはシリコングリースを薄く塗る．塊状試料はカッターリングから供試体をせん断箱に移す．塊状でない試料はせん断箱内に直接供試体を作製する．

(1)　塊状試料

① カッターリングの質量 m_R (g)，内径 D (mm)，高さ H_0 (mm) を測定する.

② 必要な供試体の高さよりも 5〜10 mm 大きい試料をトリマーの回転板上に置き，ワイヤーソー，ナイフなどを用いて供試体の直径よりも 3〜5 mm 大きな円板状に成形する.

③ トリマー上の試料上面にカッターリングを置き，刃先があたる部分の試料をワイヤーソー，ナイフなどを用いてカッターリングの内径よりも 1〜2 mm 大きく削り，トリマー上板を軽く押してカッターリングを試料に 2〜3 mm 押し込む．この操作を繰り返してカッターリング内に試料をすき間なく入れる．

④ カッターリング両端から出ている試料をカッターリング端面に沿ってワイヤーソーで切り落とし，直ナイフで平面に仕上げる．

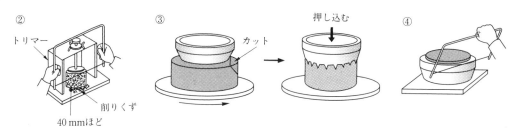

⑤ カッターリングに供試体を入れた状態の質量 m_1 (g) をはかる．

⑥ 削り層から代表的な試料を取り，含水比 w_0 (%) を求める．

⑦ せん断箱上にカッターリングを固定し，供試体挿入具で供試体をせん断箱内に移す．

> 削りくずから求めた含水比は試験終了を待たずに結果を整理する場合や，試験後に求める供試体の初期含水比 w_0 (%)を確認する場合に用いる．

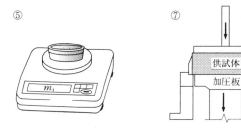

(2)　塊状でない試料

① せん断箱の内径 D (mm) と高さ H_0 (mm) を求める．

② 試料の初期含水比 w_0 (%) を測定する．

③ 所定の供試体体積と密度が得られるように，試料を用意し，その質量をはかる．

④ 空中落下法

（乾燥した砂質土試料に用いられる）

ノズルを塞いだ状態で漏斗内に試料を入れ，せん断箱内に所定の高さでノズルから試料を落下させ，上面を平らに仕上げる．

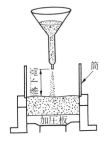

> 所定の密度が得られるための落下高さを予備試験によって求めておくとよい．

⑤ 締固め法

（乾燥，湿潤のどちらの砂質土試料にも用いられる）

せん断箱内に試料を投入し，締固め器具を用いて動的または静的に土を所定の高さまで締め固め，上面を平らに仕上げる．

⑥ 供試体以外の残量をはかり，③の全質量から差し引いて試験前の供試体質量 m_0 (g) を求める．

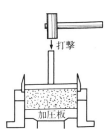

> 供試体を所定の密度に均一に締め固めるために，試料を分割して 2〜3 層に分けて行うとよい．なお，締固めに用いた方法は報告すること．

4. 試験方法

4.1 準備

① せん断箱ガイド装置を組み立て，垂直変位測定用変位計を取り付ける．

② 供試体の飽和度を高める場合には，多孔板から給水を行う．

4.2 圧密過程

① 垂直力測定用荷重計および変位計の原点を合わせる．

② 所定の圧密応力 σ_c (kN/m²) に相当する垂直力を載荷して圧密を開始する．

③ 圧密中は適切な経過時間で圧密量 ΔH_t (mm) を読み取り，時間 t (min) を対数として時間 - 圧密量曲線を描く．

④ 圧密は一次圧密終了後，圧密速度が十分小さくなるまで続ける．

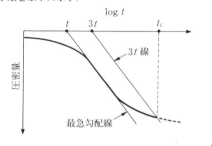

粘性土の圧密の打切り時間は，下図に示す $3t$ 法を標準とする．$3t$ 法の手順を以下に示す．
①片対数紙に測定値（ΔH_t, $\log t$）をプロットして ΔH_t - $\log t$ 曲線を描く．
②ΔH_t - $\log t$ 曲線の最急勾配線を図上で求める．
③最急勾配線に平行で時間が $3t$ となる直線（$3t$ 線と呼ぶ）を引く．
④ΔH_t - $\log t$ 曲線が $3t$ 線に達したときを圧密打切り時間 t_c とする．
砂質土や過圧密粘土のように圧密量が少なく，一次圧密が明確に認められない場合には，圧密開始から 10 分程度記録をとり，圧密が十分落ち着いたことを確認できれば打ち切ってよい．

4.3 上下せん断箱のすき間設定

① すき間設定用スペーサーを抜く．

② 上下せん断箱を固定しているテーパーピンなどをはずす．

4.4 せん断過程

(1) 定体積試験

① せん断変位測定用変位計を取り付け，変位計およびせん断力測定用荷重計の原点を合わせる．

② 所定のせん断速度でせん断を開始する．せん断速度は粘性土の場合は 0.05 mm/min，過圧密粘土の場合は砂の場合は 0.1 mm/min，砂の場合は 0.2～0.5 mm/min 程度とする．

③ せん断中は供試体体積を一定に保つために垂直変位が生じないように，垂直力を制御する．

④ せん断変位 δ (mm)，せん断力 S (N)，垂直力 N (N)，垂直変位 ΔH (mm) を適切な間隔で記録する．

⑤ せん断はせん断変位 7 mm まで行う．

⑥ せん断終了後，供試体をせん断箱から取り出し，せん断面の様子などを観察する．塊状試料では，炉乾燥供試体質量 m_s (g) を測定する．

> 測定間隔は，せん断力の最大値まではせん断変位 0.1 mm 間隔，それ以降は，0.25 mm を越えない間隔とする．

> 初期含水比 w_0 (%) を測定している場合には炉乾燥を省略してもよい．

(2) 定圧試験

① (1) 定体積試験の①に同じ．

② 砂で 0.2 mm/min，粘土で 0.02 mm/min のせん断変位速度を標準とし，せん断を開始する．

③ せん断中は，せん断面上の垂直応力を一定に保つために垂直力を制御する．

④～⑥は，(1)「定体積試験」の④～⑥に同じ．

5.　結果の整理

5.1　供試体の初期状態

① 塊状試料に対する試験前の供試体の初期含水比 w_0 (%)，湿潤密度 ρ_{t0} (Mg/m³)，実質高さ H_s (mm) を次式で算定する．

$$w_0 = \frac{(m_1 - m_R) - m_s}{m_s} \times 100 \quad (\%) \tag{12.1}$$

$$\rho_{t0} = \frac{m_1 - m_R}{AH_0} \times 1000 \quad (\text{Mg/m}^3) \tag{12.2}$$

$$H_s = \frac{m_s}{A\rho_s} \times 1000 \quad (\text{mm}) \tag{12.3}$$

ここに，m_1：供試体とカッターリングの質量 (g)

m_R：カッターリング質量 (g)

m_s：試験後の炉乾燥供試体質量 (g)

A：供試体の断面積 ($= \pi D^2/4$) (mm²)

D：供試体の直径 (mm)

H_0：供試体の初期高さ (mm)

ρ_s：土粒子の密度 (Mg/m³)

> 試験後の供試体を炉乾燥しない場合，削りくずによる w_0 (%) を用いて，m_s (g) は次式で求める．
> $$m_s = \frac{m_1 - m_R}{1 + w_0/100} \quad (\text{g})$$

② 塊状でない試料に対する試験前の供試体の湿潤密度 ρ_{t0} (Mg/m³)，実質高さ H_s (mm) を次式で算定する．

$$\rho_{t0} = \frac{m_0}{AH_0} \times 1000 \quad (\text{Mg/m}^3) \tag{12.4}$$

$$H_s = \frac{H_0 \rho_{t0}}{\rho_s \left(1 + \frac{w_0}{100}\right)} \quad (\text{mm}) \tag{12.5}$$

ここに，m_0：試験前の供試体質量 (g)

③ 試験前の供試体の間隙比 e_0，乾燥密度 ρ_{d0} (Mg/m³)，飽和度 S_{r0} (%) を次式で算定する．

$$e_0 = \frac{H_0}{H_s} - 1 \tag{12.6}$$

$$\rho_{d0} = \frac{\rho_s H_s}{H_0} \quad (\text{Mg/m}^3) \tag{12.7}$$

$$S_{r0} = \frac{w_0 \rho_s}{e_0 \rho_w} \quad (\%) \tag{12.8}$$

ここに，ρ_w：水の密度 (Mg/m³)

5.2　圧密過程

① 横軸を時間 t (min) の対数，縦軸を圧密量 ΔH_t (mm) にとり log t - ΔH_t 曲線を描く．

② 圧密後の供試体高さ H_c (mm)，間隙比 e_c，乾燥密度 ρ_{dc} (Mg/m³) を次式によって計算する．

$$H_c = H_0 - \Delta H_c \quad (\text{mm}) \tag{12.9}$$

$$e_c = \frac{H_c}{H_s} - 1 \tag{12.10}$$

$$\rho_{dc} = \frac{\rho_s H_s}{H_c} \quad (\text{Mg/m}^3) \tag{12.11}$$

ここに，ΔH_c：最終圧密量 (mm)（圧縮が正 ［＋］）

5.3 せん断過程

(1) 定体積試験

① 各せん断変位 δ (mm) に対するせん断応力 τ (kN/m²)，垂直応力 σ (kN/m²) を次式で算定する.

$$\tau = \frac{S}{A} \times 1000 \quad (kN/m^2) \qquad (12.12)$$

$$\sigma = \frac{N}{A} \times 1000 \quad (kN/m^2) \qquad (12.13)$$

> 単位換算のために 1000 を乗じている.

ここに，S：せん断力 (N)

N：垂直力 (N)

A：供試体の断面積 (mm²)

② 縦軸にせん断応力 τ，横軸にせん断変位 δ をとって，せん断応力－せん断変位 ($\tau-\delta$) 曲線を描く.

③ ②と同じ横軸で，縦軸に垂直応力 σ をとって，垂直応力－せん断変位 ($\sigma-\delta$) 曲線を描く.

④ 縦軸にせん断応力 τ，横軸に垂直応力 σ をとって，応力経路 ($\tau-\sigma$) 曲線を描く.

⑤ 定体積せん断強さ τ_f は，最終せん断変位までの τ の最大値となる.

(2) 定圧試験

①～②は，**(1)**「定体積試験」の①～②に同じ.

③ ②と同じ横軸で，縦軸に垂直変位 ΔH をとって垂直変位－せん断変位 ($\Delta H-\delta$) 曲線を描く.

④ 定圧せん断強さ τ_f は，最終せん断変位までの τ の最大値とする.

6. 結果の利用

6.1 強度定数

図-12.3 に示すように，いくつかの垂直応力 σ のもとで，それぞれのせん断強さ τ_f を調べ，垂直応力 σ とせん断強さ τ_f の関係からクーロンの式を用いて，強度定数 c, ϕ を求めることができる.

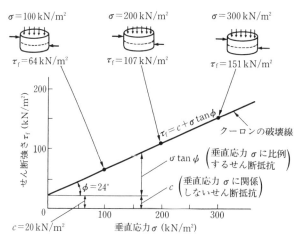

図-12.3　一面せん断試験とクーロンの式

　しかし，土のせん断強さは，せん断面上の垂直応力だけでは決まらず，その垂直応力によって圧密を行うかどうか，またせん断時に体積変化（間隙水の出入り）を許すかどうかによって大きく変化する．そこで室内せん断試験では，**表-12.1** に示す 3 種類の標準的な排水条件を設定し，現場の条件にあった試験が行われる．

表-12.1　3 種類の排水条件と現場条件の対応

試験条件	排水条件		得られる強度定数	現場条件
	圧密過程	せん断過程		
非圧密非排水 (UU) 試験 (Unconsolidated Undrained)	非排水	非排水	c_u, ϕ_u	飽和した粘性土地盤に，盛土または構造物を急速に施工する場合，施工直後の安定計算に用いる．
圧密非排水 (CU) 試験 (Consolidated Undrained)	排水	非排水 定体積	c_{cu}, ϕ_{cu}, s_u/p	粘性土の圧密による強度増加の様子を知る場合，粘性土地盤にプレローディング工法で圧密していった場合や緩速施工の場合の安定計算に用いる．
圧密非排水 ($\overline{\text{CU}}$) 試験 圧密定体積試験			c_{cu}, ϕc_u, s_u/p c', ϕ'	
圧密排水 (CD) 試験 (Consolidated Drained) 圧密定圧試験	排水	排水	c_d, ϕ_d	砂質地盤や間隙水圧の影響を受けない不飽和地盤における安定計算に用いる．粘性土地盤における長期安定問題に用いる．

s_u/p：強度増加率．正規圧密領域の $\tan\phi_{cu}$ で求められる．

6.2　強度定数の決定

(1)　定体積試験

①数個の供試体に対して異なる圧密応力の下での応力経路（τ-σ）曲線を重ねて描く．

②それぞれから得られる定体積せん断強さ τ_f と圧密応力 σ_c の関係（τ_f-σ_c）を直線で結び，全応力に基づく圧密非排水（CU）条件の強度定数 c_{cu}，ϕ_{cu} を求める．

③それぞれの応力経路の τ_f の点を結んだ直線から，有効応力に基づく強度定数 c'_1，ϕ'_1 かあるいは，それぞれの応力経路の包絡線上を結んだ直線から，有効応力に基づく強度定数 c'_2，ϕ'_2 を求める．

> 通常，粘土では c'_1，ϕ'_1 が，砂では c'_2，ϕ'_2 が c_d，ϕ_d の代用となる．

④圧密前および圧密後の間隙比を圧密応力 σ_c に対してプロットし，試料の均一性を確認する資料とする．

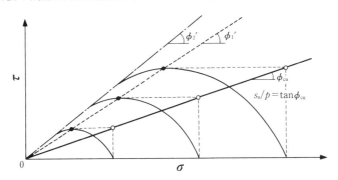

図-12.4　定体積試験における強度定数の求め方 [1]

(2)　定圧試験

① 数個の供試体に対して異なる圧密応力の下から得られる定体積せん断強さ τ_f と圧密応力 σ_c の関係（τ_f, σ_c）を直線で結び，圧密排水（CD）条件の強度定数 c_d，ϕ_d を求める．

② 圧密前，圧密後およびせん断応力最大時の間隙比を圧密応力 σ_c に対してプロットし，試料の均一性を確認するための資料とする．

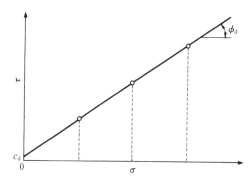

図-12.5　定圧試験における強度定数の求め方[1]

6.3 3　種類の排水条件に対するせん断強さ

　表-12.1 に示した，非圧密非排水（UU），圧密非排水（CU），圧密排水（CD）の 3 種類の排水条件に対応する乱さない飽和粘土の一面せん断試験の τ_f - σ 関係を模式的に **図-12.6** に示している．過圧密領域と正規圧密領域にまたがる試験を行うと，CU 強度線は圧密降伏応力 p_c で，また CD 強度線は過圧密影響応力 σ_b（CU 強度線の折点と同じせん断強さを与える垂直応力）で折れ，過圧密領域では，勾配がゆるくなり，粘着力成分（c_cu，c_d）が現れる．一方，UU 強度線は水平（$\phi_\mathrm{u} = 0°$）となる．また，CU 強度線と CD 強度線の交点の垂直応力では，ダイレイタンシーが 0 であるので，この垂直応力はノンダイレタント応力 σ_nd を表しており，σ_nd 以下，以上で，それぞれダイレイタンシーは正，負となる．

　定体積試験における c'，ϕ' が CD 条件における c_d，ϕ_d に対応すると考えれば，定体積試験の結果は **図-12.6** と同様に整理することができる．したがって，乱さない飽和粘土の場合は圧密応力を p_c をはさんで過圧密側，正規圧密側のそれぞれの領域で 2 点以上選んでそれぞれの強度定数を求めるのがよい．

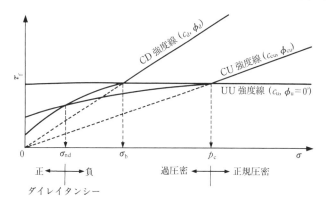

> UU 条件の一面せん断試験として，非圧密定体積一面せん断試験や非圧密急速一面せん断試験がある．

図-12.6　3 種類の排水条件に対するせん断強さ[1]

6.4　強度定数の利用

　図-12.6 から一般全応力法による安定解析では，現場で起こりうる最も危険な排水条件に対応した試験結果を用いるとして，以下の条件を提示している．

　① $\sigma \leqq \sigma_\mathrm{nd}$：圧密排水（CD）せん断強さ

　② $\sigma_\mathrm{nd} < \sigma \leqq p_\mathrm{c}$：圧密非排水（CU）せん断強さ

　③ $p_\mathrm{c} < \sigma$：非圧密非排水（UU）せん断強さ

　例えば，正規圧密粘土地盤に盛土を行う場合（短期安定問題）には③（$\phi_u=0$ 法）を，大きな過圧密比を持つ過圧密粘土斜面の安定（長期安定問題）には①を，粘土掘削時の短期安定には③を長期安定には応力状態に応じて①，②を用いる．

　また，これらの試験で求められた c，ϕ は次のような実用計算に利用されている．

・擁壁などの土留め構造物に作用する土圧の計算やその安定性．

・盛土や切土の人工斜面の安定計算，あるいは自然斜面や地すべりに対する安定計算．

・軟弱地盤上に造成する盛土や構造物基礎の破壊に対する安定計算．

・構造物の基礎や杭の支持力計算．

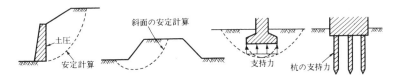

7.　設問

(1)　強度定数 c，ϕ の値はどのようなことに利用されるか．

(2)　定体積試験について説明せよ．

(3)　定圧試験について説明せよ．

(4)　垂直応力とせん断強さの関係を描いて c，ϕ を決める図に，間隙比も同時にプロットするのはなぜか．

(5)　軟弱な粘性土地盤に盛土を築造した直後の安定計算には，どのような排水条件で得られた強度定数を使えばよいか．

引用・参考文献

　1)　地盤工学会編：地盤材料試験の方法と解説［第一回改訂版］，pp. 700-738, 2020.

JGS 0560／0561　土の圧密［定体積／定圧］一面せん断試験（圧密・せん断過程測定）

調査件名　△△地区土質調査　　試験年月日　2020.2.21

試料番号（深さ）　T1-1（GL-18.00～-18.80m）　試験者　長野　賢

JGS 0560／0561　土の圧密［定体積／定圧］一面せん断試験（初期状態，圧密過程）

調査件名　△△地区土質調査　　試験年月日　2020.2.21

試料番号（深さ）　T1-1（GL-18.00～-18.80m）　試験者　長野　賢

土質名称	粘土（CH）
最大粒径 mm	0.25
状態	塊状・非塊状

土粒子の密度 ρ_s Mg/m³	2.67
液性限界 w_L %	85.2
塑性限界 w_P %	31.4

供試体No.	1	2	3	4
圧密応力 σ_c kN/m²	50	100	200	400

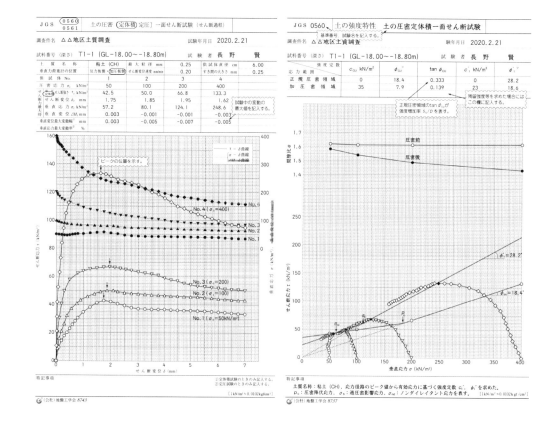

$$H_v = \frac{m_s}{A \cdot \rho_s},\quad e = \frac{H_v}{H_s} - 1,\quad S_r = \frac{w \rho_s}{e \cdot \rho_w}$$

JGS 0560／0561　土の圧密［定体積／定圧］一面せん断試験（せん断過程）

調査件名　△△地区土質調査　　試験年月日　2020.2.21

試料番号（深さ）　T1-1（GL-18.00～-18.80m）　試験者　長野　賢

供試体No.	1	2	3	4
圧密応力 σ_c kN/m²	50	100	200	400

JGS 0560　土の強度特性　土の圧密定体積一面せん断試験

調査件名　△△地区土質調査　　試験年月日　2020.2.21

試料番号（深さ）　T1-1（GL-18.00～-18.80m）　試験者　長野　賢

応力範囲	c_{cu} kN/m²	ϕ_{cu}°	$\tan\phi_{cu}$	c' kN/m²	ϕ'°
正規圧密領域	0	18.4	0.333	0	28.2
加圧密領域	35	7.9	0.139	23	18.6

第 13 章　土の一軸圧縮試験

1.　試験の目的

　一軸圧縮試験は，円柱状の自立する供試体に対して側方から拘束のない状態で圧縮して，一軸圧縮強さ q_u を求めるための試験である．得られた結果は主に次の 2 つのことに利用される．

　①自然状態の地盤から乱れの少ない状態で採取した粘性土試料の供試体の一軸圧縮強さ q_u を調べ，その値から試料が原位置にあった状態での非排水せん断強さ c_u を推定すること．

　②室内あるいは現場での締固めや化学的処理によって人工的な改良を加えた土の一軸圧縮強さ q_u を求めること．

　これらの結果を，①の場合は，土圧や支持力の計算，斜面の安定計算などに利用され，②の場合は，改良の効果を判定したり，改良地盤の安定性を評価するのに利用される．ここでは，①の粘性土の一軸圧縮強さを求める方法について説明する．

　この試験方法は JIS A 1216「土の一軸圧縮試験方法」に規定されている．

図-13.1　一軸圧縮

透水性が低い飽和粘性土などの場合は，供試体の圧密を行わないことと比較的急速に圧縮することから，三軸圧縮試験の非圧密非排水（UU）条件であると仮定している．また，一軸圧縮試験は，三軸圧縮試験の拘束圧が 0（ゼロ）の場合に対応している．

2.　試験器具

(1)　一軸圧縮試験機

　圧縮装置，荷重計，上部加圧板，下部加圧板および変位計から構成される．

(2)　供試体作製器具

　①トリマー

　　試料を円柱形に成形できるもの．

　②マイターボックス

　　二つ割りにできて，その内径が供試体の直径よりもわずかに大きいものとし，両端が平行で，かつ，軸方向に対して直角のもの．

　③ワイヤーソーおよび直ナイフ

　　ワイヤーソーは鋼線の直径が 0.2〜0.3 mm 程度のもの．直ナイフは鋼製で片刃のついた長さ 250 mm 以上のもの．

(3)　その他の器具

　①ノギス

　②ストップウォッチまたは時計

　③はかり：0.1 g まではかることができるもの．

　④含水比測定器具：**第 2 章**「土の含水比試験」参照

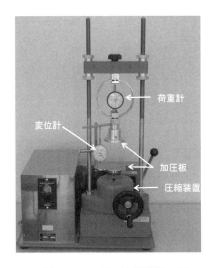

図-13.2　一軸圧縮試験機の例

3.　供試体

(1)　供試体の形状および寸法

供試体の形状は円柱とする．その直径は 35 mm または 50 mm とし，高さは直径の 1.8〜2.5 倍とする．

(2)　供試体の作製

①供試体の側面は，所定の直径の円柱になるよう，トリマー，ワイヤーソー，直ナイフなどを用いて成形する．

②供試体の端面は，マイターボックス，ワイヤーソー，直ナイフなどを用いて平面に仕上げる．供試体の両端面は，平行でかつ側面に直角になるように成形する．

> トリマーを使って成形するときは，試料を回転させながら成形するので，試料にねじれや圧縮力が加わらないように注意すること．

③供試体の寸法を測定する．高さは円周を等分する 3 カ所以上で，直径は上，中，下の 3 カ所で，ノギスなどを用いて最小読取値 0.1 mm まではかり，平均高さ H_0 (mm)，および平均直径 D_0 (mm) を求める．

④供試体の質量 m (g) をはかる．

⑤供試体の成形の際に削り取った土の含水比を求め，これを供試体の含水比 w (%) とする．

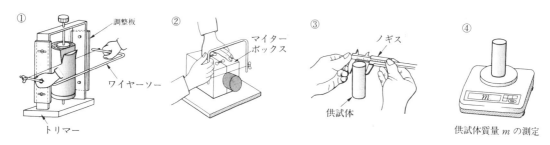

4.　試験方法

①供試体を下部加圧板の中央におき，供試体に圧縮力が加わらないように上部加圧板を密着させる．

②変位計，荷重計の取付けを確認し，原点を調整する．

③毎分 1%の圧縮ひずみが生じる割合を標準として，連続的に供試体を圧縮する．

④圧縮中は圧縮量 ΔH (mm) と圧縮力 P (N) を測定する．連続記録をしない場合は，圧縮力の最大値までは圧縮量を 0.2 mm 間隔，それ以降は 0.5 mm を超えない間隔で測定するとよい．

⑤圧縮を終了するのは，次の 3 条件のうち，いずれか一つの状態に至ったときとする．

　(i)　圧縮力が最大となってから，引き続きひずみが 2%以上生じた場合．

　(ii)　圧縮力が最大値の 2/3 程度に減少した場合．

　(iii)　圧縮ひずみが 15%に達した場合．

⑥供試体の変形・破壊状況などを観察し，記録する．

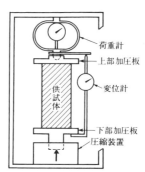

図-13.3　ひずみ制御式一軸圧縮試験機への供試体の設置例 [1]

> 荷重計，上部加圧板，供試体，下部加圧板，および圧縮装置のそれぞれの中心軸が同一直線上になるように設置すること．

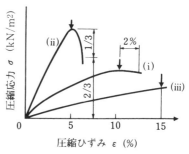

図-13.4　圧縮ひずみと圧縮応力による試験の終了判定の例 [1]

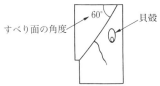

供試体の破壊状況の記録例

すべり面の角度　60°　貝殻

圧縮終了後の供試体の変形・破壊状況は，それらの状況が最もよくわかる方向から観察を行って，記録すること．

図-13.5　供試体の観察記録の例

5.　結果の整理

(1)　圧縮ひずみと圧縮応力の計算

①供試体の圧縮ひずみ ε (%) を次式で算定する．

$$\varepsilon = \frac{\Delta H}{H_0} \times 100 \quad (\%) \tag{13.1}$$

ここに，ΔH：圧縮量 (mm)

　　　　H_0：圧縮する前の供試体の平均高さ (mm)

②圧縮ひずみが ε (%) のときの圧縮応力 σ (kN/m²) を次式で算定する．

$$\sigma = \frac{P}{A_0} \times \left(1 - \frac{\varepsilon}{100}\right) \times 1000 \quad (\text{kN/m}^2) \tag{13.2}$$

ただし，

$$A_0 = \frac{\pi D_0{}^2}{4} \quad (\text{mm}^2) \tag{13.2}$$

ここに，

　　　　P：圧縮ひずみが ε のときに供試体に加えられた圧縮力 (N)

　　　　A_0：圧縮する前の供試体の断面積 (mm²)

　　　　D_0：圧縮する前の供試体の平均直径 (mm)

(2)　一軸圧縮強さの決定

①応力 - ひずみ曲線を，圧縮応力 σ を縦軸に，圧縮ひずみ ε を横軸にとって図示する．

②圧縮ひずみが 15%に達するまでの圧縮応力の最大値を応力 - ひずみ曲線から求め，この値を一軸圧縮強さ q_u (kN/m²) とし，そのときのひずみを破壊ひずみ ε_f (%) とする．

一軸圧縮強さ q_u は，四捨五入によって有効数字 3 桁に丸める．ただし，q_u が 10 kN/m² の場合には有効数字 2 桁に丸めればよい．

破壊ひずみ ε_f(%)は，四捨五入によって小数点以下 1 桁に丸める

③応力 - ひずみ曲線の初期の部分に，**図-13.6** のような変曲点が生じる場合は，変曲点以降の直線部分を延長し，横軸との交点を破壊ひずみの算出の修正原点とする．

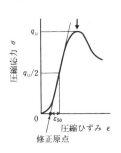

変曲点が生じる原因としては，
　①供試体上端面と上部加圧板との密着が不十分であった．
　②供試体端面に凹凸がある．
　③試験機の梁と支柱が堅固に取り付けられていない．
　④供試体の一部に弱い部分がある．
などが考えられる．このうち④以外は，本質的には試験技術の問題なので，十分注意をして試験を行うこと．
このような変曲点の生じている原因を補正するために，修正原点を求めている．

図-13.6　修正原点の求め方

④変形係数 E_{50} を算出する場合は次式で算定し，四捨五入によって有効数字 2 桁に丸める．

$$E_{50} = \frac{\dfrac{q_u}{2}}{\varepsilon_{50}} \times \frac{1}{10} \quad (\text{MN/m}^2) \tag{13.3}$$

ここに，

E_{50}：変形係数 (MN/m^2)

q_u：一軸圧縮強さ (kN/m^2)

ε_{50}：圧縮応力 $\sigma = q_u/2$ のときの圧縮ひずみ(%)．［修正原点を求めてから算出する(図-13.6 参照)]

6. 結果の利用

(1) 一軸圧縮強さと非排水せん断強さ

飽和粘性土では，一つの試料に対して，拘束圧を変えて UU 条件の三軸圧縮試験をいくつか行うと，全応力に関するモールの破壊応力円の包絡線は水平になる（$\phi_u = 0°$）．このように，UU 条件でのせん断強さは，側方応力の大きさにかかわらず一定になり，一つのパラメーターで表される．このとき，$q_u/2$ は c_u に等しいので，UU 条件で設計できる問題，

> 一軸圧縮強さは，ボーリングやサンプリングにともなって生じる応力解放と，試料運搬や成形によって生じる人為的・機械的乱れの影響があるので，これらのことをよく考えて利用する必要がある．
> 一軸圧縮試験は，供試体の有効応力を制御できないので，乱れの影響を直接受けてしまう試験といえる．乱れた試料から得られた $q_u/2$ を非排水せん断強さ c_u として設計に用いると過大に安全側の設計になってしまうので，注意が必要である．

すなわち短期安定問題に対して，$q_u/2$ を原地盤の非排水せん断強さ c_u として利用できる．よって，非排水せん断強さ $c_u (kN/m^2)$ は次式で求められる．

$$c_u = \frac{q_u}{2} \quad (kN/m^2) \tag{13.3}$$

ここに，

q_u：乱さない試料の一軸圧縮強さ (kN/m^2)

(2) 鋭敏比 S_t

図-13.7 に示す乱さない試料の一軸圧縮強さ q_u と，同じ土で含水比を変えないで練り返した試料の一軸圧縮強さ q_{ur} との比を鋭敏比 S_t といい，必要に応じて次式で算定する．

$$S_t = \frac{q_u}{q_{ur}} \tag{13.4}$$

ここに，

q_u：乱さない試料の一軸圧縮強さ (kN/m^2)

q_{ur}：練り返した試料の一軸圧縮強さ (kN/m^2)

> 練り返しは，含水比を変えないために，ビニール袋などに試料を入れて行うとよい．そして指先で練ったときに固形物の感触がなくなり，固形物の存在を感じなくなる状態まで続ける．

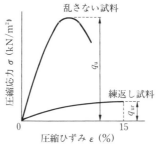

図-13.7 乱さない試料と乱した試料の一軸圧縮試験

鋭敏比の大きい試料では，練り返すと供試体が自立しなくなることもある．その場合，**図-13.8** を用いて，液性指数から鋭敏比が推定されている．鋭敏比は，杭打ちや工事中の地盤の乱れによって，土の強さがどの程度低下するかの目安となるものである．

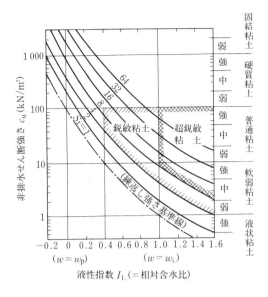

図-13.8 鋭敏比と液性指数の相関 [1]

7.　設問

(1)　ある粘性土試料について，一軸圧縮試験を行いたい．圧縮速度はいくらにすればよいか．

(2)　一軸圧縮試験は，どのような状態に到ったときに終了すればよいか．

(3)　一軸圧縮試験から描かれる応力 - ひずみ曲線の初期の部分に変曲点が見られることがある．このようなことが生じる原因はなにか．

(4)　一軸圧縮強さ q_u は応力 - ひずみ曲線からどのようにして求められているか．

(5)　一軸圧縮強さ q_u はどのようなことに利用されるか．

(6)　鋭敏比はどのようなことに利用されているか．

引用・参考文献

1)　三笠正人：粘性土の状態図について，第 22 回土木学会年次学術講演会概要集（第III部門），pp. 60-1～60-4, 1967.

土の一軸圧縮試験（初期状態，軸圧縮過程）

(JIS A 1216 / JGS 0511)　用いた規格，基準番号を選択する。

調査件名　○○地区地盤調査　　試験年月日　2020.2.23

試料番号（深さ）　No.2（GL-6.00～-6.80m）　　試験者　北 海 道 夫

ひずみ速度 %/min	1.0	荷重計 No.	5
荷重計容量 N	500	較正係数 K N/目盛	3.797

供試体	No. 1-1	試料の状態	乱さない	
直 径	34.90	34.90	34.90	
高 さ	79.95	80.00	80.00	
平均直径 D_0 mm	34.9	断面積 A_0 mm²	9.57×10²	
平均高さ H_0 mm	80.0	質量 m g	118.2	

含水比	容器No.	734	735	736	供試体の破壊状況
	m_a g	46.34	47.58	50.21	
	m_b g	33.40	34.31	35.59	
	m_c g	16.53	17.02	16.55	
	w %	76.7	76.7	76.8	
	平均値 w %		76.7		

圧縮量 ΔH mm	圧縮ひずみ ε %	荷重計の読み	圧縮力 P N	圧縮応力 σ kN/m²
0	0	0	0	0
0.2	0.25	5.5	20.9	21.8
0.4	0.50	10.4	39.5	41.1
0.6	0.75	20.0	75.9	78.8
0.8	1.00	28.0	106	110
1.0	1.25	36.2	137	141
1.2	1.50	41.0	156	161
1.4	1.75	46.2	175	180
1.6	2.00	48.4	184	188
1.8	2.25	49.5	188	192
2.0	2.50	50.1	190	194
2.2	2.75	49.9	189	192
2.4	3.00	49.8	189	192
2.6	3.25	49.2	187	189
2.8	3.50	48.5	184	186
3.0	3.75	46.9	178	179
3.2	4.00	45.3	172	173
3.4	4.25	43.7	166	166
3.6	4.50	41.1	156	156
3.8	4.75	38.2	145	144
4.0	5.00	35.6	135	134

ひずみ速度 %/min	1.0	荷重計 No.	7
荷重計容量 N	250	較正係数 K N/目盛	1.519

供試体	No. 1-2	試料の状態	練返した	
直 径	3.485	3.490	3.490	
高 さ	8.000	7.995	8.000	
平均直径 D_0 mm	34.9	断面積 A_0 mm²	9.57×10²	
平均高さ H_0 mm	80.0	質量 m g	117.8	

含水比	容器No.	737	738	739	供試体の破壊状況
	m_a g	48.53	50.21	43.24	
	m_b g	34.95	35.82	31.72	
	m_c g	17.10	16.98	16.63	
	w %	76.1	76.4	76.3	
	平均値 w %		76.3		

圧縮量 ΔH mm	圧縮ひずみ ε %	荷重計の読み	圧縮力 P N	圧縮応力 σ kN/m²
0	0	0	0	0
0.4	0.5	0.3	0.46	0.48
0.8	1.0	0.6	0.91	0.94
1.2	1.5	1.0	1.52	1.56
1.6	2.0	1.3	1.97	2.02
2.0	2.5	1.9	2.89	2.94
2.4	3.0	2.5	3.80	3.85
2.8	3.5	2.6	3.95	3.98
3.2	4.0	2.9	4.41	4.42
3.6	4.5	3.2	4.86	4.85
4.0	5.0	3.4	5.16	5.12
4.4	5.5	3.7	5.62	5.55
4.8	6.0	4.0	6.08	5.97
5.2	6.5	4.5	6.84	6.68
5.6	7.0	5.1	7.75	7.53
6.0	7.5	5.5	8.35	8.07
6.4	8.0	5.8	8.81	8.47
6.8	8.5	6.1	9.27	8.86
7.2	9.0	6.4	9.72	9.24
7.6	9.5	6.7	10.2	9.65
8.0	10.0	7.0	10.6	9.97
8.4	10.5	7.5	11.4	10.7
8.8	11.0	8.2	12.5	11.6
9.2	11.5	8.5	12.9	11.9
9.6	12.0	8.9	13.5	12.4
10.0	12.5	9.2	14.0	12.8
10.4	13.0	9.6	14.6	13.3
10.8	13.5	9.9	15.0	13.6
11.2	14.0	10.3	15.6	14.0
11.6	14.5	10.8	16.4	14.7
12.0	15.0	11.3	17.2	15.3

特記事項

$\sigma = \dfrac{P}{A_0}(1 - \varepsilon/100) \times 10^3$

[1kN/m² ≒ 0.0102kgf/cm²]

(公社)地盤工学会 8721

土の一軸圧縮試験（強度・変形特性）

(JIS A 1216 / JGS 0511)

調査件名　○○地区地盤調査　　試験年月日　2020.2.23

試料番号（深さ）　No.2（GL-6.00～-6.80m）　　試験者　北 海 道 夫

土 質 名 称	粘土	供 試 体 No.	1-1	1-2
液性限界 w_L %	88.5	試 料 の 状 態	乱さない	練返した
塑性限界 w_P %	41.6	高 さ H_0 mm	80.0	80.0
ひずみ速度 %/min	1.0	直 径 D_0 mm	34.9	34.9
		質 量 m g	118.2	117.8
		湿潤密度 ρ_t Mg/m³	1.54	1.54
		含 水 比 w %	76.7	76.3
		破壊ひずみ ε_f %	2.3	15.0
		変形係数 E_{50} MN/m²	14	15.3
		軸圧縮強さ q_u kN/m²	194	15.3
		鋭敏比 S_t	12.7	

特記事項　1）必要に応じて記載する。

$E_{50} = \dfrac{q_u/2}{\varepsilon_{50}/100}/10$

・参考として鋭敏比を求めた。

応力-ひずみ曲線

供試体の破壊状況
No.1-1
57°
No.1-2
No.
No.

修正原点 0.2%

[1kN/m² ≒ 0.0102 kgf/cm²]
[1MN/m² ≒ 10.2kgf/cm²]

(公社)地盤工学会 8722

第14章　土の三軸圧縮試験の概要

1.　試験の目的

　土の三軸圧縮試験は，土の強度定数を求める試験のひとつであり，施工条件，現場条件等を考慮した条件で実施することで対象とする地盤の正確な強度定数 (c, ϕ) を求めることが可能となる．土は地盤の中では常に上や横の土の重さによる力（応力）がかかった状態にある．三軸圧縮試験は，シリンダー（円柱）状の試料（供試体）を，ゴムスリーブで覆い，アクリル円筒容器の中に入れて水圧をかけ，この土の中の状態を再現することができるため，自然状態での土の強さを正確に測定することが可能となる．また，供試体の上・下から水を通すことができる仕組みになっており，供試体の間隙水圧の測定・制御も可能になる．土の強度を測定する上で，供試体への水の出入りは重要な要素になるので，施工目的に合致した状態の土質定数を求めることができる優れた試験方法である．

　三軸圧縮試験には，**表-14.1** のような方法がある．試験の種類に対する試験結果は以下のようになる．

表-14.1　三軸圧縮試験の種類

試験の種類	間隙水圧の測定	試験結果の利用例
非圧密非排水 (UU) 試験	しない	非排水状態のせん断強さの推定（透水性の小さな地盤において排水が生じないような急速載荷（除荷）されるような場合） 粘性土地盤の短期安定問題，支持力，土圧の算定
圧密非排水 (CU) 試験	しない	粘性土地盤を圧密させてからの短期安定問題，強度増加率 (c_u/p) の推定
圧密非排水 ($\overline{\text{CU}}$) 試験	する	上記 有効応力に基づく強度定数を有効応力解析に用いる
圧密排水 (CD) 試験	しない	砂質土地盤の安定問題，盛土の緩速施工（地盤内に過剰間隙水圧が生じないような載荷），粘性土地盤掘削時の長期安定問題

2.　試験の種類と概要

① 非圧密非排水 (UU) 三軸圧縮試験 (JGS 0521)

　この試験の目的は，非圧密非排水状態で圧縮されるときの土の強度・変形特性を求めるもので，側圧が0（ゼロ）の場合，原理的に土の一軸圧縮試験の結果と同じになる．一般的には飽和した粘性土地盤（過圧密の程度のあまり大きくない地盤）の盛土直後の安定問題や，基礎の支持力度の照査，杭の周面摩擦力度等を検討したい場合に実施される．なお，塑性指数 I_p が小さい土（粘土分が少ない土）では，一軸圧縮試験では応力解放の影響を受け，強度を小さく評価する傾向にあるので，この UU 試験を利用する．

② 圧密非排水 (CU) 三軸圧縮試験 (JGS 0522)

　この試験の目的は，等方応力状態で圧密された土の非排水状態で圧縮されるときの強度・変形特性を求めるもので，CU 試験はサンプリングしてきた土を圧密し直すことにより，現場条件に合わせた等方応力状態のもとで実験を行うことができる．一般的には飽和した粘性土地盤の圧密完了後の安定問題を検討したい場合に実施する．長期的な安定問題を検討する場合は，排水状態を考慮した CD 試験が望ましいが，せん断に長時間を要するために実務向きではない．このため，容易に短期安定問題を検討できる CU 試験が最も実用的でよく用いられている．非排水のせん断強度定数 (c_{cu}, ϕ_{cu})，および地盤の強度増加率 (c_u/p) の推定にも用いられる．

③ 圧密非排水 ($\overline{\text{CU}}$) 三軸圧縮試験 (JGS 0523)

　この試験の目的は，等方応力状態で圧密された土の非排水状態で圧縮（せん断）されるときの強度・変形特性および主応力差最大時の有効応力を求めるもので，②との違いは間隙水圧を測定しながらせん断を行うことにある．間隙水圧を測定しながらせん断を行うので，圧密非排水 (CU) 三軸圧縮試験で得られる c_{cu}, ϕ_{cu} がせん断中に発生する間隙水圧の影響を含んだせん断定数であるのに対して，本試験で得られる

c', ϕ'はせん断中の間隙水圧の変化を考慮した有効応力に対するせん断定数が求まることとなる.

④ 圧密排水 (CD) 三軸圧縮試験 (JGS 0524)

　この試験の目的は，等方応力状態で圧密された土の排水状態で圧縮（せん断）されるときの強度・変形特性を求めることで，飽和した土の圧密が完了した後に排水状態でせん断力を受けるときの検討をしたい場合に実施することとなる．排水状態でのせん断は，透水性の良い土（砂質土）であれば通常排水状態のせん断であり，透水性の悪い土（シルトや粘性土）でも長期的な安定問題としてせん断時に間隙水圧がほとんど発生しないようなゆっくりとしたせん断が予想される場合にこの方法を用いる．ただし，粘性土に対して間隙水圧がほとんど発生しないようなせん断速度での三軸圧縮試験は実務的でないので，このような場合には圧密非排水 ($\overline{\text{CU}}$) 三軸圧縮試験が多くの場合実施されている.

3.　試験方法の概要

　土の三軸圧縮試験は土の一軸圧縮試験と異なり，供試体に対して側圧を与えられること（実際の地盤内の応力を再現する），および排水条件を制御できることにある．このため円柱形供試体を作成した後にゴムスリーブで覆い，水圧によって供試体に一定の応力 ($\sigma_c = \sigma_r$) を等方に働かせたまま，鉛直軸方向に荷重を加えて圧縮する．後述するように，試験結果から強度定数 (c, ϕ) や変形係数を求めるために，異なる側方向応力 σ_r のもとで 3 回以上試験を行い，σ_r と破壊時の軸方向応力 σ_a を測定する.

　三軸圧縮試験機の構成例を**図-14.1** および**図-14.2** に示す．三軸圧縮試験に用いる供試体は円柱形で，直径の大きさは試料の最大粒径や粒度に応じて定められている.

①　供試体の圧力室内への設置，**図-14.1 (a)** に示すように，供試体を多孔板の上におき，キャップをのせ，圧力室内の水が供試体に浸入するのをふせぐためにゴムスリーブをかぶせ，上部と下部を O リングなどで止める.

> 直径は 35〜100 mm を標準とし，高さは直径の 2〜2.5 倍である．一般に，粘性土の場合，直径 35 mm または 50 mm，高さ 80 mm または 100 mm の供試体が用いられる．粒径幅の広い試料では供試体直径の 1/5 の粒径程度まで許容される.

> 供試体は水で飽和させて試験をするので，供試体内の間隙水は間隙水圧測定装置と体積変化測定用ビュレットに通じている.

> 供試体の圧密を行わない場合は，排水バルブを閉じたまま応力を等方にはたらかせたのち，ただちにせん断に移る.

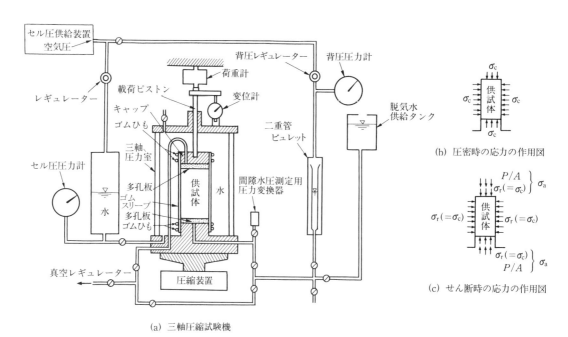

(a) 三軸圧縮試験機

(b) 圧密時の応力の作用図

(c) せん断時の応力の作用図

図-14.1　三軸圧縮試験機の構成例

図-14.2　三軸圧縮試験機の例

② 圧密を行う場合（UU 試験以外）は排水バルブを開放して，圧力室内にセル圧供給装置で圧力を加え，**図-14.1 (b)** に示すように供試体にある一定の大きさの応力 σ_c を等方に作用させる．このとき，供試体の間隙水はビュレットに吸排水されるので，供試体の体積変化をビュレットの水位の変化で測定する．圧密の終了後，この応力を等方的に作用させたまません断に移る．

③ せん断は**図-14.1 (b)** に示すように，供試体にある一定の大きさの応力($\sigma_r = \sigma_c$) をセル圧によって等方に作用させたまま，載荷ピストンを通じて軸圧縮力 P を加え，供試体が破壊するまで圧縮する．軸圧縮力を P，供試体の断面積を A とすると，供試体に作用する増加応力は，$\sigma_v = P/A$ なので，この供試体の軸方向応力 σ_a と側方向応力 σ_r との差である主応力差 ($\sigma_a - \sigma_r$) は次式で算定される．

> UU，CU，$\overline{CU}$ 試験の場合は排水バルブを閉じる．CD 試験の場合は排水バルブを開け，体積変化をビュレットの水位の変化で測定する．また$\overline{CU}$ 試験においては間隙水圧の測定を行う．

$$(\sigma_a - \sigma_r) = \frac{P}{A}$$

④ 三軸圧縮試験は，同じ状態の供試体を 3 つ以上準備し，それぞれ異なった側方向応力 σ_r のもとで行う．この結果から得られる主応力差の最大値である圧縮強さ$(\sigma_a - \sigma_r)_{max}$ を σ 軸上にとり，これらを直径とするモールの応力円を**図-14.3** のように描く．

⑤ これらのモールの応力円に共通な接線をひくと，その縦軸の切片が粘着力 c，勾配がせん断抵抗角 ϕ として求められる．

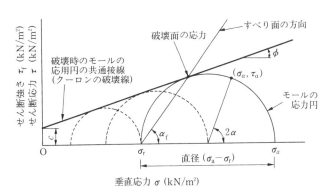

図-14.3　モールの応力円と強度定数 c, ϕ

4. 設問

(1) 三軸圧縮試験に用いられる圧密排水条件が，それぞれの現場で安定性を検討しようとする目的とどのように対応しているか説明せよ．

(2) 三軸圧縮試験において，側圧を与える理由と与える方法について述べよ．

(3) 圧密排水 (CD) 試験におけるせん断中の排水バルブの状態と，体積変化の測定方法について述べよ．

(4) 圧密非排水 $(\overline{CU})$ 試験，圧密排水 (CD) 試験において，破壊時の主応力 σ_1，σ_3 がいくつか求まっているとき，モールの応力円を描いて c，ϕ を求める手順を説明せよ．

JGS 0520	土の三軸試験の供試体作製・設置

調査件名 ○○地区宅地造成地の地盤調査　　　試験年月日 2020.3.9

試料番号（深さ）TH5-1 (GL-9.00〜-9.80m)　　　試 験 者 京 都 夫

供試体を用いる試験の基準番号と名称	JGS 0523 土の圧密非排水 (CU) 三軸圧縮試験			
試 料 の 状 態	水圧式サンプラー		土粒子の密度 ρ_s Mg/m³	2.681
供 試 体 の 作 製	トリミング法		液性限界 w_L %	118
土 質 名 称	粘土		塑性限界 w_P %	53.2
供 試 体 No.		1	2	3	4

（以下、供試体No.1〜4の初期状態・飽和過程・圧密前試験値の詳細数値表）

[1kN/m² ≒ 0.0102 kgf/cm²]

（公社）地盤工学会 8731

JGS 0523	土の三軸圧縮試験 [UU,CU,CU,CD] （初期状態，圧密過程）

調査件名 ○○地区宅地造成地の地盤調査　　　試験年月日 2020.3.9

試料番号（深さ）TH5-1 (GL-9.00〜-9.80m)　　　試 験 者 京 都 夫

供 試 体 No.	4	測 定 計 器	容 量	較 正 係 数
供試体の作製方法	トリミング法	荷 重 計	500N	2.441
土粒子の密度 ρ_s Mg/m³	2.681	軸 変 位 計	20mm	10
セル圧 σ_c kN/m²	360	間隙水圧計	1000kN/m²	0.244
背 圧 u_b kN/m²	200	体積変化計	30×10³ mm³	1000
圧密応力 σ_c' kN/m²	160			

（以下、体積変化量・軸変位量などの時系列測定データ表）

[1kN/m² ≒ 0.0102 kgf/cm²]

（公社）地盤工学会 8733

JGS 0523　土の三軸圧縮試験 [UU, CU, C̄U, CD]（軸圧縮過程）

調査件名　○○地区宅地造成地の地盤調査　　　試験年月日　2020.3.10

試料番号（深さ）　TH5-1（GL-9.00～-9.80m）　　　試験者　京　都　夫

JGS 0523　土の三軸圧縮試験 [CU, C̄U, CD]（圧密前, 圧密後／圧密量-時間曲線）

調査件名　○○地区宅地造成地の地盤調査　　　試験年月日　2020.3.9～10

試料番号（深さ）　TH5-1（GL-9.00～-9.80m）　　　試験者　京　都　夫

JGS 0523　土の三軸圧縮試験 [UU, CU, C̄U, CD]（応力-ひずみ曲線）

調査件名　○○地区宅地造成地の地盤調査　　　試験年月日　2020.3.9～10

試料番号（深さ）　TH5-1（GL-9.00～-9.80m）　　　試験者　京　都　夫

JGS 0523　土の強度特性　土の三軸圧縮試験 [C̄U]

調査件名　○○地区宅地造成地の地盤調査　　　試験年月日　2020.3.9～10

試料番号（深さ）　TH5-1（GL-9.00～-9.80m）　　　試験者　京　郁　夫

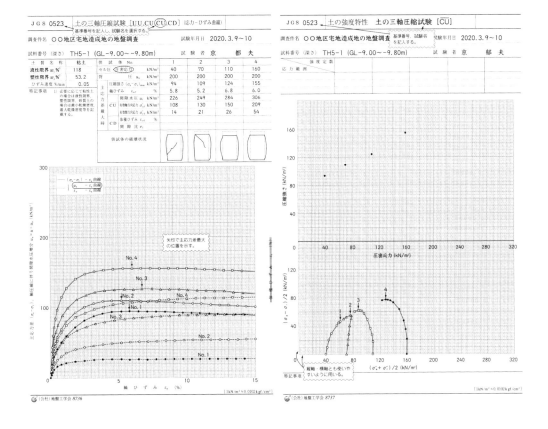

第 15 章　標準貫入試験

1.　試験の目的

　この試験は，原位置における土の硬軟，締まり具合または土層の構成を判定するための N 値を求めるために実施する動的貫入試験である．土層の構成を判定するにあたり，動的貫入時に土試料を採取する．

　試験の方法は，JIS A 1219「標準貫入試験方法」に規定されている．JIS では、設計に用いる N 値を求める場合とその他の用途で用いる場合とで試験仕様が異なる．ここでは、設計に用いる場合の試験仕様を示す．

> 標準貫入試験 (Standard Penetration Test; SPT) は，1927 年頃に米国で行われたロッド打込み試験が元になっており，その後 1948 年にテルツァギとペックが N 値と地盤の物性，支持力との関係を提示し，広く認知されるようになった．我が国においては，1951 年頃に導入され，幅広い土質に対する適用性が確認され，急速に普及した．1961 年には JIS 規格として制定された．

2.　試験装置および器具

標準貫入試験装置は，SPT サンプラー，ハンマー，アンビル，ガイド用ロッド、落下機構、ロッドから成る．

①SPT サンプラー：シュー，二つ割りできるスプリットバーレルおよびコネクターヘッドから成る鋼製のもの（**図-15.1**，**写真-15.1** 参照）．

②ハンマー：質量が (63.5 ± 0.5) kg で SPT サンプラーを打ち込むのに必要なエネルギーを発生させるための打撃装置の一部．

③アンビル：ハンマーが落下したときのエネルギーをロッドへ伝える打撃装置の一部（**図-15.2**，**写真-15.2** 参照）．

④ガイド用ロッド：ハンマーの自由落下をアンビルに導く打撃装置の一部

⑤落下機構：ハンマーを自由落下させる機能を有した装置（**写真-15.2** 参照）

⑥ロッド：SPT サンプラーと打撃装置をつなぐロッド．設計に用いる N 値を測定するためには，外径 40.5 mm，質量はカップリングを含め (4.5 ± 0.3) kg という仕様を満足しなければならない．

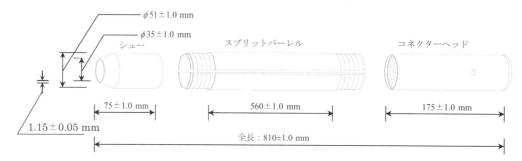

図-15.1　標準貫入試験用サンプラーの模式図の各パーツの寸法

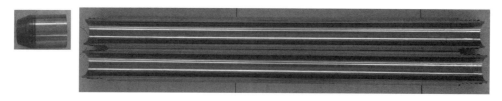

写真-15.1　標準貫入試験用サンプラーのシューと二つに分割したスプリットバーレル

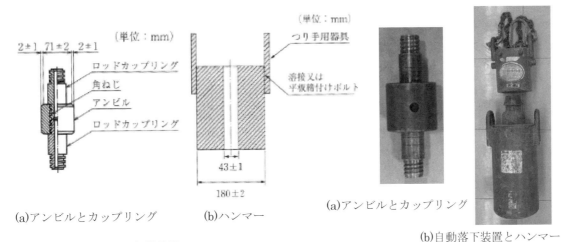

(a)アンビルとカップリング　　　(b)ハンマー

図-15.2　打撃装置

(a)アンビルとカップリング

(b)自動落下装置とハンマー

写真-15.2　打撃装置

3. 試験の方法

試験方法は，以下の手順で実施する.

① 試験実施前に，SPT サンプラーの形状と寸法が規格どおりであり，落下装置の正常作動，ハンマー落下高さ，ハンマー底面とアンビル受圧面の平滑性，ならびにロッドの直線性を確認する.

② **図-15.3** に示すようなやぐらを組み，直径 65〜150 mm の試験孔を掘削できるボーリング機械を設置する.

③ 所定深度まで試験孔を掘削し，孔底のスライムを取り除く.

④ ロッドの先端に SPT サンプラーを取り付け，孔底に降ろし，打撃装置を取り付ける.この時点での貫入量を記録する.その際、軟弱地盤では、ロッド荷重だけで貫入した量とハンマーを静かにセットした時点での貫入量を分けて記録することが望ましい.

⑤ 質量 (63.5±0.5) kg のハンマーを (760±10) mm の高さ（軟弱な場合は、落下高さを小さくして調整する）から自由落下させ，孔底から 150 mm まで（自沈を含む）予備打ちを行う.

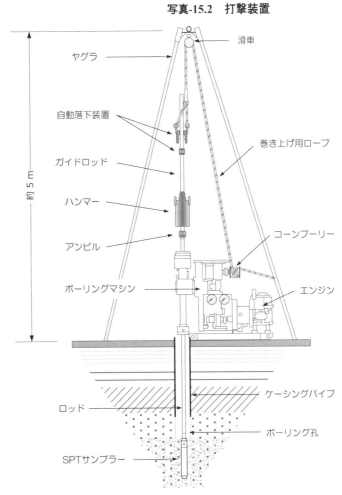

図-15.3　標準貫入試験（自動落下型）の実施状況の模式図

標準貫入試験は JIS A 1219 において落下方法の種類として，自動落下（半自動落下型，全自動落下型）と手動落下（コーンプーリー法，トンビ法）の 2 種類の方法が規定されている.しかし，設計に用いる N 値を求めるためには自動落下法を適用することが規定されており，手動落下法はそれ以外の目的に限定されている.通常標準貫入試験は，地盤，構造物の設計のために実施されることを考えると，現行の規格では標準貫入試験は基本的に自動落下法（**図-15.3** 参照）で実施することが求められていると考えてよい.

⑥ 予備打ち後，本打ちとして質量(63.5 ± 0.5) kg のハンマーを (760±10) mm の高さから自由落下させ，SPT サンプラーを 300 mm 貫入する．必要な打撃回数は 100 mm ごとに記録する．ただし，打撃 1 回ごとの貫入量が 100 mm を超えた場合はその貫入量を記録する．

⑦ 自沈による貫入量が 450 mm に達したときは本打ちを行わない．本打ちの打撃回数は 50 回を限度（必要に応じて 100 回まで可）とする．予備打ち後に 300 mm 貫入させるのに必要な全打撃回数をその試験区間の N 値とし，所定の打撃回数で貫入量が 300 mm に達しない場合，打撃回数に対する貫入量を記録する．

⑧ 打撃によって N 値を測定した後，地表に SPT サンプラーを引き上げ，シューおよびカップリングを取り外し，スプリットバーレルを二つに割り，採取試料の観察を行い、代表的な試料を透明な容器に保存する．

4.　試験時の留意事項

(1) 試験孔は，鉛直で孔曲がりがなく，孔壁の崩壊やはらみ出しがないこと，また孔底に沈積物がないことが重要である．

(2) 玉石混じり土や締まった地盤で繰り返し試験を行うと刃先が摩耗あるいは欠けるなどしてシュー先端の形状が変化する．試験前には必ずシューの点検を行って，摩耗や破損によって規格を外れたシューは使用しない．

(3) ハンマーの落下方法には，自由落下と手動落下があって，設計に用いる N 値を測定する場合は，半自動または全自動の自動落下方法で試験を行うよう定められている（前述）．

(4) アンビルの打撃面は，連続して行うハンマーとの打撃で摩耗や変形が発生しやすい．こうしたアンビル打撃面の摩耗や変状はハンマーの打撃エネルギーに影響をおよぼすため，アンビル打撃面の平滑性を常に点検し著しく変形したものは使用しない．

(5) ガイドロッドは，ハンマー落下時の鉛直性の確保およびぶれを防止するもので，試験中補助要員が手で支えることは効果的である（**写真-15.4** 参照）．

(6) ボーリングロッドやアンビルは試験中にねじの緩みが発生しやすく事故の危険性が高い．ロッド接続の際に十分締め付けるとともに緩みが生じたら速やかに締め直し安全を確保する．

(7) 試験中の補助作業でボーリングマシンややぐらの上での作業は，転落や落下事故の危険性があり，作業高さに合わせた昇降装置や足場，手すりを備え付ける（**写真-15.5** 参照）．

(8) 標準貫入試験用サンプラーで採取した土質試料は，乱れた試料であるため一軸圧縮試験等の力学試験には使用しない．

写真-15.4　補助要員によるガイドロッド支え作業

写真-15.5　昇降装置，足場・手すり設置状況

5.　記録および整理

試験結果については以下のように記録し，データ整理を行う．

(1) SPT サンプラーをシュー，スプリットバーレル，カップリングに分解し，貫入時にサンプラーに入った土の試料長，土質，色調，混入物などを観察し，記録する（**写真-15.6** 参照）．

(2) 現場報告書を作成する．調査件名，場所，試験年月日，地点番号，調査位置図，地盤高，試験者，現場位置図（平面図，断面図），試験仕様，装置の詳細，使用前後の装置の状態，試験結果等を整理し，記録する．

(3) 試験結果は**図-15.4** に示すような土質柱状図にまとめられる．土質柱状図には試験の開始，終了深さ，本打ち 100 mm ごとの打撃回数，N 値および累計貫入量（打撃回数/累計貫入量）を記載し，試験区間の中央に N 値をプロットして N 値の深さ方向分布曲線を表示する．ロッド自沈，ハンマー自沈，50 回打撃による打ち止めなどの情報も附記する．

(4) 観察記事には SPT サンプラーで採取された試料の観察記録を試験深さと対応させて記録する．

写真-15.6　試料採取後のスプリットバーレル二つ割り写真

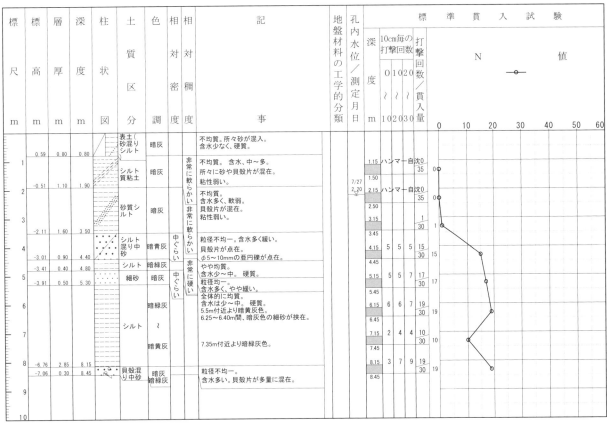

図-15.4　標準貫入試験結果の整理の一例

6. 結果の利用と関連知識

　標準貫入試験が広く使われている理由の一つに，豊富なデータを用いて N 値と砂質土の締まり具合（密度）やせん断抵抗角，粘性土の一軸圧縮強さといった設計に寄与する地盤定数との関係が得られていることがあげられる．以下に N 値と地盤定数との関連性について簡単に説明する．

(1) N 値と砂質土の締まり具合，せん断抵抗角

　砂礫や砂質土は乱さない試料の採取が難しいこともあり，標準貫入試験の N 値に基づく推定方法の提案が数多くなされており，特にこうした土質材料の力学特性を支配する締まり具合（密度）とせん断抵抗角についての推定手法について説明する．テルツアギとペック（Terzaghi & Peck）は，N 値と砂質土の相対密度の関係および N 値と粘性土の一軸圧縮強さ，コンシステンシーについて**表-15.1** のように与えている．また，N 値から砂質土の強度定数であるせん断抵抗角 ϕ を求めることができる．しかし，一般に N 値は地盤の拘束圧の影響を受けることがわかっており，当該の深さにおける ϕ を求めるにあたり，鉛直有効応力 σ'_v による補正が行われる．**表-15.2** にそれぞれの機関における設計基準において採用されている関係式を示す．いずれも N 値から当該深さにおける鉛直有効応力 σ'_v の関数としてせん断抵抗角 ϕ を算定する形となっていることがわかる．

表-15.1　N 値と相対密度，一軸圧縮強さ，コンシステンシーの関係 (Terzaghi & Peck)[1]

(a)　砂の場合

N 値	相対密度	現場判別法
0〜4	非常に緩い（very loose）	鉄筋が容易に手で貫入
4〜10	緩　い（loose）	ショベル（スコップ）で掘削可能
10〜30	中　位　の（medium）	鉄筋を 5 ポンドハンマで打込み容易
30〜50	密　な（dense）	同上，30 cm 程度貫入
>50	非常に密な（very dense）	同上，5 〜 6 cm 貫入，掘削につるはし必要，打込み時金属音

注）鉄筋は ϕ 13 mm

(b)　粘土の場合

N 値	q_u（kN/m²）	コンシステンシー
0〜2	0.0〜 24.5	非常に軟らかい
2〜4	24.5〜 49.1	軟らかい
4〜8	49.1〜 98.1	中位の
8〜15	98.1〜196.2	硬い
15〜30	196.2〜392.4	非常に硬い
30〜	392.4〜	固結した

表-15.2　N 値とせん断抵抗角 ϕ の関係 [1]

基準名	提案式
道路橋示方書	$\phi = 4.8 \ln\left[\dfrac{170N}{\sigma'_v + 70}\right] + 21 \quad (N > 5)$
港湾の施設の技術上の基準	$\phi = 25 + 3.2\sqrt{\dfrac{100N}{70 + \sigma'_v}}$
鉄道構造物等設計標準 基礎構造物・抗土圧構造物	$\phi = 1.85 \ln\left[\dfrac{N}{0.01\sigma'_v + 0.7}\right]^{0.6} + 26$ $\phi = 0.5N + 24$ （地震時の上限値）
建築基礎構造設計指針	$\phi = \sqrt{20N_1} + 20 \quad (3.5 \leqq N_1 \leqq 20)$ $\phi = 40 \qquad\qquad\quad (20 < N_1)$ ただし，$N_1 - N/\sqrt{\sigma'_v/100}$

σ'_v；鉛直有効応力（kN/m²）

(2)　粘性土の N 値と一軸圧縮強さとの関係

　Terzaghi & Peck は N 値と一軸圧縮強さ q_u およびコンシステンシーとの相関関係を与えているが，これらの関係はばらつきが大きく，設計に直接適用する際は，充分に留意する．奥村は我が国の粘性土の試験結果に基づいた N 値と q_u の関係を**図-15.5** のようにまとめている．図中，Terzaghi & Peck による N 値～q_u の関係を併せて示しているが，SPT サンプラーによる試料採取によって乱れの影響を受け，q_u を過小評価していると指摘している．粘性土については，乱さない試料を採取し，室内試験によってせん断強さを求めるべきであり，やむを得ない場合には N 値に基づく経験式から得られた値を用いることもある．また，特に深部に堆積している粘性土については試料採取時の応力解放，輸送時と成形時の乱

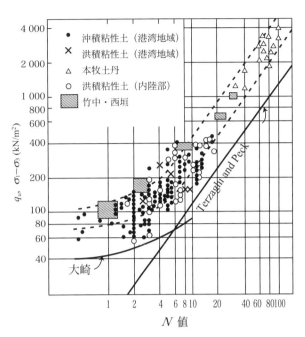

図-15.5　N 値と一軸圧縮強さの関係（奥村に加筆）[1]

れの影響などを念頭に置いてせん断強さの評価方法については十分注意をはらうべきである．

(3)　液状化危険度評価への適用

　地震多発国である我が国では，地盤の揺れと災害についての検討と評価が欠かせない．国や地方自治体の地震被害想定にあたり，地盤調査に基づく地盤情報が有効に活用されている．地盤に関わる災害としてよく知られている砂質地盤の液状化は通常 N 値を用いて簡易検討が行われる．砂質地盤の液状化抵抗値 R が N 値から経験的に求められ，地震時に地盤内で発生するせん断応力度 L を別途計算することにより，液状化安全率として F_L という値が $F_L = R/L$ として規定される．$F_L > 1$ であれば液状化抵抗値が地震によるせん断応力度を上回るので液状化は起こらないが，F_L が 1 以下になると液状化抵抗値は地震によるせん断応力度より小さくなってしまうので，液状化が起こると判定される．

7.　設問

(1)　標準貫入試験の本打ちの前に実施する予備打ちは、何 mm 貫入させるか．

(2)　標準貫入試験によって得られる N 値とは、63.5 ± 0.5 kg のハンマーを 何 mm の高さから自由落下させ，SPT サンプラーを 300 mm 貫入させるのに必要な打撃回数か．

(3)　標準貫入試験を行っているとき，予備打ちでの打撃開始前にロッドが急に沈下を始めた．試験者として，どのように対応すればよいのか述べよ．

(4)　標準貫入試験を行っているとき，50 回打撃しても所定の貫入量である 300 mm に達しなかった．試験者として，どのように対応すればよいのか述べよ．

(5)　N 値から求められる土の力学定数について、砂質土と粘性土でそれぞれ示せ．

引用・参考文献

1)　地盤工学会編：地盤調査の方法と解説，pp. 279–316, 2013.

JIS A 1219	標準貫入試験　現場記録1	

調査件名　○○地盤調査　　　　　　試験年月日　○○年○○月○○日
地点番号（地盤高）　No.A（T.P.+942m）　　試験者　地盤　太郎 No.123456

発　注　者　名	○○県○○部○○課
受　注　者　名	○○調査測量株式会社
現　場　住　所	○○県○○郡○○町○○番地
調査地点の平面位置	北緯 6°18′10″　　東経 139°36′44″
作　業　範　囲	陸上作業・　水上作業　・　その他（　　　　）

現場位置図：

平面図

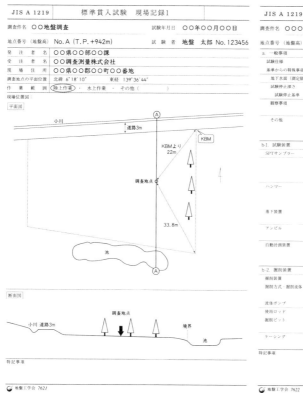

断面図

特記事項

地盤工学会 7621

JIS A 1219	標準貫入試験　現場記録2	

調査件名　○○○○○○地盤調査　　　試験年月日　○○年○○月○○日
地点番号（地盤高）　○○○（TP.+942.5m.）　試験者　地盤　太郎 No.123456

a.　一般事項

試験仕様	硬軟判定用のN値・設計に用いるN値
基準からの特殊事項・逸脱事項	
地下水面（測定値があれば）	GL.- 0.5 m　予備削孔，開削の深さ -GL- 1.0 m
試験停止深さ	GL.- 20.5 m　試験停止基準・その他（　　　）
試験停止基準	逃避深度到達・指定N値の層厚確認（　　　）・その他（　　　）
観察事項	高原湿地の近辺
その他	孔の埋め戻し　　圧縮ベントナイト粒投入
	試験装置の設置事情　不整地運搬車の車上

b-1.　試験装置

SPTサンプラー	製造者・形式・番号	○○○○社製　JIS2001型　09-08
	サンプラー内のライナー	使用・使用なし
	ソリッドコーンの使用	使用・使用なし
	コアキャッチャーの使用	使用・使用なし
ハンマー	造者・形式・番号	○○○○社製　オートハンマーSPS-2型　087B0688
	質量の検定日	平成23年12月3日
落下装置	落下方法・外径	自動（全・半）・手動（コンクリートロープ）　180 mm
	製造者・形式・番号	○○○○社製　オートキャッチャーSPS-2型　08-09
	落下高さ	760 mm
アンビル	形式	単体・一体型
	質量・外径	4.4 kg　75 mm
自動計測装置		使用・使用なし
	製造者・形式・番号	○○○○社製　K001-M7型　S/N20080301
	最終検定日	平成23年8月6日

b-2.　掘削装置

掘削装置	製造者・形式・番号	○○○○社製　スピンドル型　D1-C375753
掘削方式・掘削流体	ロータリ・打撃，振動・無水，エアー，泡，清水・泥水	
液体ポンプ	製造者・形式・番号	○○○○社製　ピストン型　BG3C2020567
使用ロッド	規格	JIMS-M1001 40.5
掘削ビット	形式・外径	メタルクラウン　85mm　65mm
ケーシング	孔径　深度	口元管　114.3mm　1.0mまで
		ケーシング　89.1mm　10mまで

特記事項

地盤工学会 7622

JIS A 1219	標準貫入試験　現場記録3	

調査件名　○○○○○○地盤調査　　　試験年月日　○○年○○月○○日
地点番号（地盤高）　○○○（TP.+942.5m.）　試験者　地盤　太郎 No.123456

c.　試験の情報

試験仕様	硬軟判定用のN値・設計に用いるN値	
サンプラーの状態	使用前　異常あり・なし	使用後　異常あり・なし
ハンマーの状態	使用前　異常あり・なし	使用後　異常あり・なし
アンビルの状態	使用前　異常あり・なし	使用後　異常あり・なし
落下装置の作動	異常・正常	自動記録装置の作動　異常・正常
水位計測日時　H23.8.8 12：00	孔内水位　孔口より-0.5m	水圧測定　あり・なし

d.　試験結果

特記事項

地盤工学会 7623

第16章　スクリューウエイト貫入試験方法

1. 試験の目的

　この試験は，原位置における土の硬軟や締まり具合を判定するために実施する静的な貫入試験である．試験の方法は，JIS A 1221「スクリューウエイト貫入試験方法」に規定されている．

> 　スクリューウエイト貫入試験方法は，北欧のスウェーデン国有鉄道が 1917 年頃に不良地盤の実態調査として使用されたのがはじまりで，その後スカンジナビア諸国で広く使用されていた．我が国においては，1954 年頃当時の建設省が堤防の地盤調査としてはじめて導入，その後日本道路公団で活用され，1976 年には JIS 規格に制定された当時から『スウェーデン式サウンディング試験』として幅広く認知されていたが，2020 年の JIS 改正時に名称が変更された．

2. 試験装置および器具

　スクリューウエイト貫入試験装置は，スクリューポイント，ロッド，載荷装置および回転装置からなる．載荷装置および回転装置には，全ての操作が手動で行われる手動式，回転だけが自動で行われる半自動式，および回転・載荷・試験記録の全てが自動で行われる全自動式の 3 種類がある．

　手動式による試験装置の例を**図-16.1**，半自動式による試験装置の例を**図-16.2**，および全自動式による試験装置の例を**図-16.3** に示している．

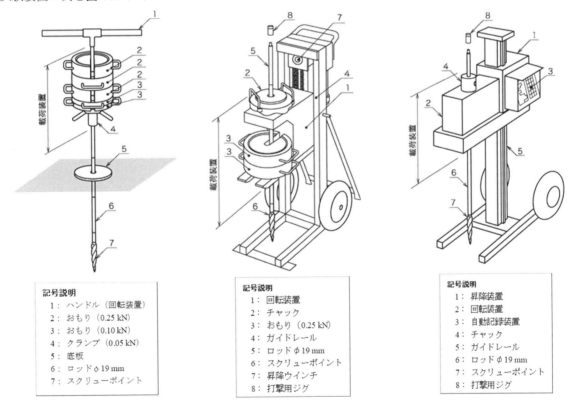

記号説明	記号説明	記号説明
1： ハンドル（回転装置）	1： 回転装置	1： 昇降装置
2： おもり（0.25 kN）	2： チャック	2： 回転装置
3： おもり（0.10 kN）	3： おもり（0.25 kN）	3： 自動記録装置
4： クランプ（0.05 kN）	4： ガイドレール	4： チャック
5： 底板	5： ロッドφ19 mm	5： ガイドレール
6： ロッドφ19 mm	6： スクリューポイント	6： ロッドφ19 mm
7： スクリューポイント	7： 昇降ウインチ	7： スクリューポイント
	8： 打撃用ジグ	8： 打撃用ジグ

図-16.1 手動式試験装置の例　　図-16.2 半自動式試験装置の例　　図-16.3 全自動式試験装置の例

　2.1　スクリューポイント　スクリューポイントは鋼製とし，**図-16.4** に示す形状および寸法とする．寸法および角度の許容誤差は全て±1 %とする．

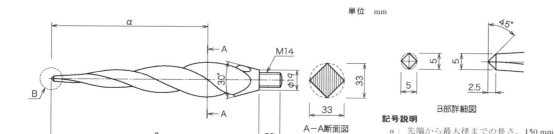

図-16.4　スクリューポイント

2.2　ロッド　ロッドは鋼製とし，径は 19.0 mm±0.2 mm とする．ロッドの質量は 2.0 kg/m±0.5 kg/m とする．手動式および半自動式のロッドには，スクリューポイント先端から 250 mm に目盛を付け，その後 250 mm ごとに目盛を付けなければならない．

2.3　載荷装置　ロッドに 50 N，150 N，250 N，500 N，750 N および 1000 N の荷重をかけることができるもの．ただし，全自動式の場合，0～1000 N の任意の荷重をかけることができるものであってもよい．

2.4　回転装置　1000 N の状態で自沈が止まった後，かけた荷重を保持したまま，モーターによってロッドを右回りに回転させるもので，回転速度は 1 分間当たり 15 回転～40 回転（推奨回転数は 1 分当たり 30 回転）で制御できるもの．半自動式および全自動式だけがもつ．

2.5　自動記録装置　各載荷段階での荷重，半回転数および貫入長を自動的に記録できるもの．全自動式だけがもつ．

3.　試験の方法

3.1 手動式の試験方法

① あらかじめ底板を設置し，クランプのめり込みを防止する．

② スクリューポイントを取り付けたロッドにクランプ（50 N）を固定し，ハンドルを取り付け，調査地点上に鉛直に立てる．

③ かける荷重は，50 N，150 N，250 N，500 N，750 N および 1000 N の 6 段階とし，段階的に載荷する．

④ 各載荷段階でロッドが自沈（回転をかけずに貫入する現象）する場合は，目視で自沈が停止するのを確認し，その貫入長を測定し，このときの荷重を静的貫入最小荷重 W_{sw} として記録する．また，このときの貫入状況を記録する．

⑤ 各載荷段階でロッドの自沈が停止した後，次の段階のおもりをクランプの上に載せてロッドに荷重をかけ，④の操作を繰り返す．

⑥ 荷重 1 000 N の段階で，ロッドの自沈が停止した場合は，鉛直方向に力を加えないようにハンドルを右回りに回転させ，ロッドに付けた次の目盛まで貫入させるのに必要な測定半回転数 N_a および貫入長を測定し，記録する．また，このときの貫入音を記録する．以後の測定は，0.25 m ごとに行う．

　ここで，地盤中のれき（礫），転石，異物などによって回転貫入が進まない場合には，回転を一旦停止し，**図-16.1** に示すハンドルの中心部をハンマー，おもりなどで打撃して，回転貫入が進まないことが一時的ではないかどうかを確認する．

⑦ クランプが底板または地表面付近に達したら，全てのおもりを手動で取り除き，ハンドルを取り外す．鉛直性を確認しながらロッドを継ぎ足す．クランプを引き上げて固定し，ハンドルを取り付け，③～⑥の操作を行う．

⑧ 回転貫入の途中で，急激な貫入が生じた場合は，一旦回転を止め，回転を与えずに貫入するかどう
　か確認する．その後，1 000 N の荷重だけで貫入する場合は④に従って，貫入しない場合は⑥に従っ
　て，以後の操作を行う．

⑨ ④の操作の途中で急激な貫入が生じた場合または⑧の操作の途中で回転を与えなくても急激な貫入
　が生じた場合は，そのまま貫入させ，貫入長および貫入状況を記録し，③に従って以後の操作を行
　う．急激な貫入とは，貫入速度 80 mm/s 以上を目安とする．

⑩ 次の状態が確認された場合は，試験を終了し，測定終了事由および終了貫入長を記録する．

　　1) 受渡当事者間の事前の取り決めによる貫入長に到達した場合

　　2) スクリューポイントが硬質層に達し，半回転数 50 回に対して貫入量 0.05 m に満たない場合

　　3) ロッド回転時の抵抗が著しく大きくなる場合

　　4) 地中障害物に当たり貫入不可となった場合

⑪ 試験終了後，載荷装置を外し，引抜き装置等でロッドを引き抜き，ロッドおよびスクリューポイン
　トの異常の有無を調べる．スクリューポイントは，最大径が 30 mm 以上，全長が 185 mm 以下になっ
　たものを用いてはならない．

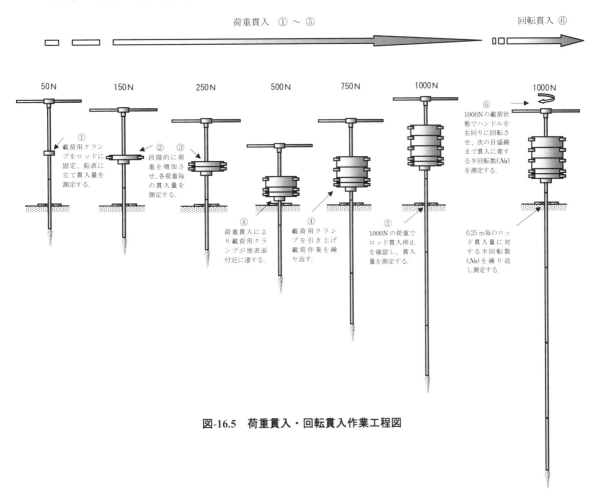

図-16.5　荷重貫入・回転貫入作業工程図

3.2 自動式の試験方法

　　自動式の試験方法は，ロッドの継ぎ足し以外で人力の部分を機械式に変更したものであり，手動式
と大きな違いは無い．ただし，自動式の調査は，機械に制御や記録を任せるため，定期的な精度の確
認や校正，および試験実施前の動作確認等を行うことが非常に重要となる．

4.　測定時の留意事項

スクリューウエイト貫入試験の実施にあたり，以下に留意事項を示す.

(1) 調査員は，試験時の貫入状況について，注意深く観察・記録する. 貫入音（ガリガリ，ジャリジャリ，シャリシャリ，無音など）については，土質判別の有力な情報となり，自沈時貫入状況（ストン，スルスル，ユックリ，ジンワリなど）は，軟弱地盤を適切に評価するための有力な情報となる.

(2) 表層のガラや転石を打撃により貫入させた場合などでは，その後の調査結果がロッドの曲がりにより過大評価される場合があるため留意する.

(3) スクリューウエイト貫入試験では，地下水位を直接測ることはできない. ただし試験終了後，ロッドを引き抜いた際の，付着水の位置や調査孔に乾いたコンベックスや棒を差し込み，付着水の深度を確認することも有効な情報となる. 最近では**図-16.6** に示すような試験孔を利用した簡便な水位計もある.

(4) スクリューウエイト貫入試験は，試料採取が出来ないため目視による土質判別をすることが出来ない. ただし，最近では**図-16.7** に示すような，試験孔を利用したサンプラーもあるため，利用することを推奨する.

a）コンベックス

b）水位測定棒

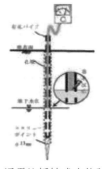

c）通電比抵抗式水位計

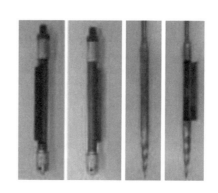

a）開閉式サンプラー

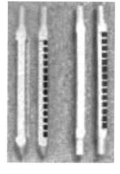

b）開放型回転掻き
取り式サンプラー

c）打ち込み式サンプラー

d）スパイラルサンプラー

図-16.6　水位計測の例　　　　　　**図-16.7　試験孔を利用したサンプラーの例**

5.　試験結果の整理

(1)　記録

　①自沈する場合は，荷重の大きさ W_{sw} とスクリューポイント先端の地表面からの貫入長 D を記録する．

　　そして，自沈時の貫入速度についても記録する．

　②荷重 1000 N で回転によって貫入が進む場合は，0.25 m ごとの深度に到達するまでの半回転数 N_a を計測し，そのときの貫入量 L も記録する．

　　そして，回転貫入する際の貫入音についても記録する．

> **貫入速度の記入例**
> 急激な貫入：ストン
> 早い貫入：スルスル
> 遅い貫入：ユックリ
> 停止寸前：ジンワリ

> **貫入音からの判断例**
> ガリガリ：砂礫やガラ
> シャリシャリ：砂質土
> 無音：粘性土

(2)　試験結果の整理

　試験結果は，貫入長に対して静的に貫入した最小荷重 W_{sw} と換算半回転数 N_{sw} を報告する．換算半回転数 N_{sw} は，測定半回転数 N_a の記録をとった貫入長の増分から貫入量 L を求め，次の式(15.1)を用いて貫入量 1 m 当たりに換算した値として算出し，小数点第 1 位を丸めて表示する．

$$N_{sw} = N_a / L \tag{15.1}$$

　　　　ここで，　　　N_{sw} :　換算半回転数

　　　　　　　　　　　N_a :　貫入量 L に要した測定半回転数

　　　　　　　　　　　L :　貫入量（m）

6.　報告

6.1　現場報告書

　現場報告書には，次に示す事項を含まなければならない．なおアスタリスク(*)を付けた事項は，必須の記録事項であり，その他の事項は推奨事項である．

a)　一般情報
　1)　調査件名*
　2)　試験実施組織名
　3)　地点番号*
　4)　試験者名*
　5)　天気*

b)　試験位置に関する情報
　1)　実際の現場または地域を確認できるもの
　2)　試験年月日*
　3)　地盤高*
　4)　水深（水域の場合）

c)　使用試験装置に関する情報
　1)　試験装置の種類*
　2)　試験装置の製造業者，形式および製造番号

d)　試験手順に関する情報
　1)　事前削孔の有無，事前削孔したときはその深度
　2)　載荷段階の値*
　3)　次の試験結果*
　　－貫入長に対する静的貫入最小荷重 W_{sw}
　　－貫入長に対する測定半回転数 N_a
　　－貫入長に対する換算半回転数 N_{sw}
　　－貫入状況および貫入音
　　－測定終了事由および終了貫入長
　4)　ロッドをハンマー，おもりなどで打撃した場合，打撃方法および貫入長
　5)　試験中の中断事項
　6)　試験終了後のロッドの直線性および状態，スクリューポイントの摩耗および損傷
　7)　その他特記すべき事項

6.2　試験報告書

　試験報告書は，試験者以外の者でも内容を確認でき，理解できるものとするため，6.1 の内容に加え，次に示す内容も含まなければならない．

> **a)試験結果を図示化したもの**
> 　　ー横軸に静的貫入最小荷重 W_{sw}，縦軸に貫入長をとった図
> 　　ー横軸に換算半回転数 N_{sw}，縦軸に貫入長をとった図
> **b)試験装置の校正記録および精度の確認記録**
> **c)試験結果解釈のための参考資料**
> **d)現場管理者名**

7.　結果の利用と関連知識

　スクリューウエイト貫入試験は試験装置や試験の方法が簡便であることから，従来河川堤防や道路盛土地盤の評価など土木分野で広く利用されてきた経緯があるが，現在では小規模建築物の地盤調査でも地盤の支持力特性を把握する調査法として多く用いられている．

(1)　N 値との関係

　W_{sw}（N），N_{sw} と N 値との関係は，下記に示す稲田式が提案されている．最近では，全自動調査機のデータを用いた新相関式も提案されている．

　＜稲田式＞

　砂質土：$N = 0.002W_{sw} + 0.067N_{sw}$

　粘性土：$N = 0.003W_{sw} + 0.050N_{sw}$

　＜新相関式＞

　砂質土：$N = 0.004W_{sw} + 0.040N_{sw}$

　粘性土：$N = 0.001W_{sw} + 0.044N_{sw}$

　　　　ただし，$N_{sw} \leqq 300$

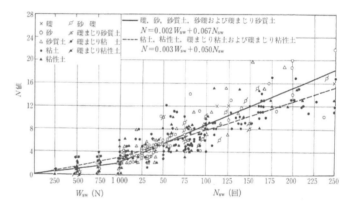

図 16.8　N 値と W_{sw}，N_{sw} との関係（稲田に加筆修正）[1]

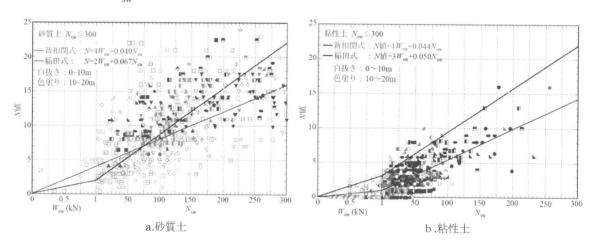

a.砂質土　　　　　　　　　　　　　b.粘性土

図 16.9　N 値と W_{sw}，N_{sw} との関係 [2]

(2)　一軸圧縮強さとの関係

W_{sw}，N_{sw}と粘性土の一軸圧縮強さ q_u（kN/m²）との関係は，下記の推定式が示されている．

$$q_u = 0.045 W_{sw} + 0.75 N_{sw}$$

(3)　支持力との関係

地盤の長期許容支持力度 q_a（kN/m²）を求める方法は，**国土交通省告示第1113号第2（三）項**に，基礎下から2 m の範囲内に 1000 N 自沈が無く，2 m～5 m の範囲に 500 N 自沈が無いことを条件とした算定式や，建築学会推奨式等が提示されている．

　告示式
$$q_a = 30 + 0.6 N_{sw}$$
　建築学会推奨式
$$q_a = 0.03 W_{sw} + 0.64 N_{sw}$$

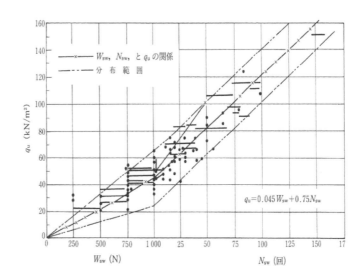

図 16.10　一軸圧縮強さと W_{sw}，N_{sw} との関係（稲田に加筆修正）[1]

8.　設問

(1) スクリューウエイト貫入試験は，何を求める試験か．

(2) スクリューウエイト貫入試験の急激な貫入と判断する速度はどの程度か．

(3) スクリューウエイト貫入試験で土質判定を行う場合，どのような情報をもとに土質を推定するのか．

(4) スクリューウエイト貫入試験（手動）の回転貫入時に，ロッドが急激に貫入を始めました．試験者として，どのように対応すればよいのか．

(5) スクリューウエイト貫入試験の結果，砂地盤で 0.25 m 貫入に要した半回転数（N_a）として 12 を得た．このときの換算 N 値は，どの程度と推測できるか．

(6) スクリューウエイト貫入試験の結果，砂地盤の N_{sw} 値として 48 を得た．このときの地盤の長期許容支持力度は，告示式を用いた場合どの程度と推測できるか．

引用・参考文献

1) 地盤工学会編：地盤調査法の方法と解説，スクリューウエイト貫入試験解説図表，pp. 325~336, 2013.

2) 地盤工学ジャーナル：深井公，大島昭彦，安田賢吾，中野将吾，萩原侑大，松谷裕治，スクリューウエイト貫入（SWS）試験結果と N 値，s_u 値との新相関式の提案，Vol.16, No.4, pp.319-331.

JIS A 1221	スクリューウエイト貫入試験	

調査件名	○○○地区地盤調査	試験年月日	2022.10.28
地点番号　（地盤高）	S－1（T.P.+8.50m）	試験者	地盤　太郎

載荷装置の種類	おもりによる載荷	回転装置の種類	人力による	天気	晴

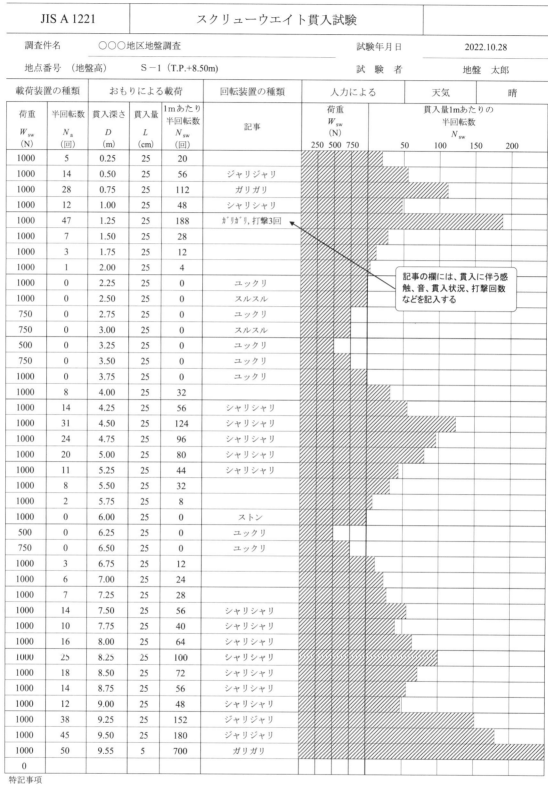

荷重 W_{sw} (N)	半回転数 N_a (回)	貫入深さ D (m)	貫入量 L (cm)	1mあたり半回転数 N_{sw} (回)	記事
1000	5	0.25	25	20	
1000	14	0.50	25	56	ジャリジャリ
1000	28	0.75	25	112	ガリガリ
1000	12	1.00	25	48	シャリシャリ
1000	47	1.25	25	188	ガリガリ,打撃3回
1000	7	1.50	25	28	
1000	3	1.75	25	12	
1000	1	2.00	25	4	
1000	0	2.25	25	0	ユックリ
1000	0	2.50	25	0	スルスル
750	0	2.75	25	0	ユックリ
750	0	3.00	25	0	スルスル
500	0	3.25	25	0	ユックリ
750	0	3.50	25	0	ユックリ
1000	0	3.75	25	0	ユックリ
1000	8	4.00	25	32	
1000	14	4.25	25	56	シャリシャリ
1000	31	4.50	25	124	シャリシャリ
1000	24	4.75	25	96	シャリシャリ
1000	20	5.00	25	80	シャリシャリ
1000	11	5.25	25	44	シャリシャリ
1000	8	5.50	25	32	
1000	2	5.75	25	8	
1000	0	6.00	25	0	ストン
500	0	6.25	25	0	ユックリ
750	0	6.50	25	0	ユックリ
1000	3	6.75	25	12	
1000	6	7.00	25	24	
1000	7	7.25	25	28	
1000	14	7.50	25	56	シャリシャリ
1000	10	7.75	25	40	シャリシャリ
1000	16	8.00	25	64	シャリシャリ
1000	25	8.25	25	100	シャリシャリ
1000	18	8.50	25	72	シャリシャリ
1000	14	8.75	25	56	シャリシャリ
1000	12	9.00	25	48	シャリシャリ
1000	38	9.25	25	152	ジャリジャリ
1000	45	9.50	25	180	ジャリジャリ
1000	50	9.55	5	700	ガリガリ
0					

（記事欄への注記）記事の欄には、貫入に伴う感触、音、貫入状況、打撃回数などを記入する

特記事項

最後は、5cm当たりの半回転数が50回を超えたので、測定を終了した。

付表-1　水の密度

単位　Mg/m³

温度 T(℃)	温度 T(℃)の小数点1桁の値									
	0.0	0.1	0.2	0.3	0.4	0.5	0.6	0.7	0.8	0.9
4	0.999 97	0.999 97	0.999 97	0.999 97	0.999 97	0.999 97	0.999 97	0.999 97	0.999 97	0.999 97
5	0.999 96	0.999 96	0.999 96	0.999 96	0.999 96	0.999 95	0.999 95	0.999 95	0.999 95	0.999 94
6	0.999 94	0.999 94	0.999 93	0.999 93	0.999 93	0.999 92	0.999 92	0.999 91	0.999 91	0.999 91
7	0.999 90	0.999 90	0.999 89	0.999 89	0.999 88	0.999 88	0.999 87	0.999 87	0.999 86	0.999 85
8	0.999 85	0.999 84	0.999 84	0.999 83	0.999 82	0.999 82	0.999 81	0.999 80	0.999 79	0.999 79
9	0.999 78	0.999 77	0.999 76	0.999 76	0.999 75	0.999 74	0.999 73	0.999 72	0.999 72	0.999 71
10	0.999 70	0.999 69	0.999 68	0.999 67	0.999 66	0.999 65	0.999 64	0.999 63	0.999 62	0.999 61
11	0.999 61	0.999 59	0.999 58	0.999 57	0.999 56	0.999 55	0.999 54	0.999 53	0.999 52	0.999 51
12	0.999 49	0.999 48	0.999 47	0.999 46	0.999 46	0.999 44	0.999 43	0.999 41	0.999 40	0.999 39
13	0.999 38	0.999 36	0.999 36	0.999 34	0.999 32	0.999 31	0.999 30	0.999 28	0.999 27	0.999 26
14	0.999 24	0.999 23	0.999 21	0.999 20	0.999 19	0.999 17	0.999 16	0.999 14	0.999 13	0.999 11
15	0.999 10	0.999 08	0.999 07	0.999 05	0.999 04	0.999 02	0.999 01	0.998 99	0.998 97	0.998 96
16	0.998 94	0.998 92	0.998 91	0.998 89	0.998 88	0.998 86	0.998 84	0.998 82	0.998 81	0.998 79
17	0.998 77	0.998 76	0.998 74	0.998 72	0.998 70	0.998 68	0.998 67	0.998 65	0.998 63	0.998 61
18	0.998 60	0.998 57	0.998 56	0.998 54	0.998 52	0.998 50	0.998 48	0.998 46	0.998 44	0.998 42
19	0.998 41	0.998 38	0.998 36	0.998 34	0.998 32	0.998 30	0.998 28	0.998 26	0.998 24	0.998 22
20	0.998 20	0.998 18	0.998 16	0.998 14	0.998 12	0.998 10	0.998 08	0.998 05	0.998 03	0.998 01
21	0.997 99	0.997 97	0.997 95	0.997 92	0.997 90	0.997 88	0.997 86	0.997 84	0.997 81	0.997 79
22	0.997 77	0.997 75	0.997 72	0.997 70	0.997 68	0.997 65	0.997 63	0.997 61	0.997 58	0.997 56
23	0.997 54	0.997 51	0.997 49	0.997 46	0.997 44	0.997 42	0.997 39	0.997 37	0.997 34	0.997 32
24	0.997 30	0.997 27	0.997 24	0.997 22	0.997 19	0.997 17	0.997 14	0.997 12	0.997 09	0.997 07
25	0.997 04	0.997 02	0.996 99	0.996 97	0.996 94	0.996 91	0.996 89	0.996 86	0.996 83	0.996 81
26	0.996 78	0.996 76	0.996 73	0.996 70	0.996 67	0.996 65	0.996 62	0.996 59	0.996 57	0.996 54
27	0.996 51	0.996 48	0.996 46	0.996 43	0.996 40	0.996 37	0.996 34	0.996 32	0.996 29	0.996 26
28	0.996 23	0.996 20	0.996 17	0.996 15	0.996 12	0.996 09	0.996 06	0.996 03	0.996 00	0.995 97
29	0.995 94	0.995 91	0.995 88	0.995 85	0.995 83	0.995 80	0.995 77	0.995 74	0.995 71	0.995 68
30	0.995 65	0.995 62	0.995 58	0.995 55	0.995 52	0.995 49	0.995 46	0.995 43	0.995 40	0.995 37
31	0.995 34	0.995 31	0.995 28	0.995 25	0.995 21	0.995 18	0.995 15	0.995 12	0.995 09	0.995 06
32	0.995 03	0.994 99	0.994 96	0.994 93	0.994 90	0.994 86	0.994 83	0.994 80	0.994 77	0.994 73
33	0.994 70	0.994 67	0.994 64	0.994 60	0.994 57	0.994 54	0.994 50	0.994 47	0.994 44	0.994 40
34	0.994 37	0.994 34	0.994 30	0.994 27	0.994 23	0.994 20	0.994 17	0.994 13	0.994 10	0.994 06
35	0.994 03	0.994 00	0.993 96	0.993 93	0.993 89	0.993 86	0.993 82	0.993 79	0.993 75	0.993 72
36	0.993 68	0.993 65	0.993 61	0.993 58	0.993 54	0.993 51	0.993 47	0.993 43	0.993 40	0.993 36
37	0.993 33	0.993 29	0.993 25	0.993 22	0.993 18	0.993 15	0.993 11	0.993 07	0.993 04	0.993 00
38	0.992 96	0.992 93	0.992 89	0.992 85	0.992 82	0.992 78	0.992 74	0.992 70	0.992 67	0.992 63
39	0.992 59	0.992 55	0.992 52	0.992 48	0.992 44	0.992 40	0.992 37	0.992 33	0.992 29	0.992 25

表の見方
　4.1℃の場合，縦軸で4を，横軸で0.1を選択し，縦横で交差した 0.999 97 Mg/m³ を水の密度とする。

付表-2　水の粘性係数

単位　mPa・s

温度 T(℃)	温度 T(℃)の小数点1桁の値									
	0	0.1	0.2	0.3	0.4	0.5	0.6	0.7	0.8	0.9
4	1.568	1.563	1.558	1.553	1.548	1.543	1.539	1.534	1.529	1.524
5	1.519	1.515	1.510	1.505	1.500	1.496	1.491	1.486	1.482	1.477
6	1.473	1.468	1.464	1.459	1.455	1.450	1.446	1.441	1.437	1.433
7	1.428	1.424	1.420	1.415	1.411	1.407	1.403	1.398	1.394	1.390
8	1.386	1.382	1.378	1.374	1.370	1.366	1.361	1.357	1.353	1.350
9	1.346	1.342	1.338	1.334	1.330	1.326	1.322	1.318	1.315	1.311
10	1.307	1.303	1.300	1.296	1.292	1.288	1.285	1.281	1.277	1.274
11	1.270	1.267	1.263	1.260	1.256	1.252	1.249	1.245	1.242	1.239
12	1.235	1.232	1.228	1.225	1.221	1.218	1.215	1.211	1.208	1.205
13	1.201	1.198	1.195	1.192	1.188	1.185	1.182	1.179	1.176	1.172
14	1.169	1.166	1.163	1.160	1.157	1.154	1.151	1.147	1.144	1.141
15	1.138	1.135	1.132	1.129	1.126	1.123	1.120	1.118	1.115	1.112
16	1.109	1.106	1.103	1.100	1.097	1.094	1.092	1.089	1.086	1.083
17	1.080	1.078	1.075	1.072	1.069	1.067	1.064	1.061	1.059	1.056
18	1.053	1.051	1.048	1.045	1.043	1.040	1.037	1.035	1.032	1.030
19	1.027	1.025	1.022	1.020	1.017	1.014	1.012	1.009	1.007	1.005
20	1.002	0.999 5	0.997 1	0.994 7	0.992 2	0.989 8	0.987 4	0.985 0	0.982 6	0.980 3
21	0.977 9	0.975 5	0.973 2	0.970 8	0.968 5	0.966 2	0.963 9	0.961 6	0.959 3	0.957 0
22	0.954 7	0.952 4	0.950 2	0.947 9	0.945 7	0.943 4	0.941 2	0.939 0	0.936 8	0.934 6
23	0.932 4	0.930 2	0.928 0	0.925 8	0.923 7	0.921 5	0.919 4	0.917 3	0.915 1	0.913 0
24	0.910 9	0.908 8	0.906 7	0.904 6	0.902 5	0.900 5	0.898 4	0.896 3	0.894 3	0.892 2
25	0.890 2	0.888 2	0.886 2	0.884 1	0.882 1	0.880 1	0.878 1	0.876 2	0.874 2	0.872 2
26	0.870 3	0.868 3	0.866 4	0.864 4	0.862 5	0.860 6	0.858 6	0.856 7	0.854 8	0.852 9
27	0.851 0	0.849 1	0.847 3	0.845 4	0.843 5	0.841 7	0.839 8	0.838 0	0.836 1	0.834 3
28	0.832 5	0.830 7	0.828 8	0.827 0	0.825 2	0.823 4	0.821 7	0.819 9	0.818 1	0.816 3
29	0.814 6	0.812 8	0.811 1	0.809 3	0.807 6	0.805 8	0.804 1	0.802 4	0.800 7	0.799 0
30	0.797 3	0.795 6	0.793 9	0.792 2	0.790 5	0.788 9	0.787 2	0.785 5	0.783 9	0.782 2
31	0.780 6	0.778 9	0.777 3	0.775 7	0.774 0	0.772 4	0.770 8	0.769 2	0.767 6	0.766 0
32	0.764 4	0.762 8	0.761 3	0.759 7	0.758 1	0.756 6	0.755 0	0.753 4	0.751 9	0.750 4
33	0.748 8	0.747 3	0.745 8	0.744 2	0.742 7	0.741 2	0.739 7	0.738 2	0.736 7	0.735 2
34	0.733 7	0.732 2	0.730 8	0.729 3	0.727 8	0.726 4	0.724 9	0.723 4	0.722 0	0.720 5
35	0.719 1	0.717 7	0.716 2	0.714 8	0.713 4	0.712 0	0.710 6	0.709 2	0.707 8	0.706 4
36	0.705 0	0.703 6	0.702 2	0.700 8	0.699 4	0.698 1	0.696 7	0.695 3	0.694 0	0.692 6
37	0.691 3	0.689 9	0.688 6	0.687 2	0.685 9	0.684 6	0.683 3	0.681 9	0.680 6	0.679 3
38	0.678 0	0.676 7	0.675 4	0.674 1	0.672 8	0.671 5	0.670 2	0.668 9	0.667 7	0.666 4
39	0.665 1	0.663 9	0.662 6	0.661 3	0.660 1	0.658 8	0.657 6	0.656 4	0.655 1	0.653 9

表の見方

　4.1 ℃の場合，縦軸で 4 を，横軸で 0.1 を選択し，縦横で交差した 1.563 mPa・s を水の粘性係数とする。

付表-3　補正係数 F の値

温度 T(℃)	温度 T (℃)の小数点 1 桁の値									
	0.0	0.1	0.2	0.3	0.4	0.5	0.6	0.7	0.8	0.9
4	-0.000 6	-0.000 6	-0.000 6	-0.000 6	-0.000 6	-0.000 6	-0.000 6	-0.000 6	-0.000 6	-0.000 6
5	-0.000 6	-0.000 6	-0.000 6	-0.000 6	-0.000 6	-0.000 6	-0.000 6	-0.000 6	-0.000 6	-0.000 6
6	-0.000 6	-0.000 6	-0.000 6	-0.000 6	-0.000 6	-0.000 6	-0.000 6	-0.000 6	-0.000 6	-0.000 6
7	-0.000 6	-0.000 6	-0.000 6	-0.000 6	-0.000 6	-0.000 6	-0.000 6	-0.000 6	-0.000 6	-0.000 6
8	-0.000 6	-0.000 6	-0.000 6	-0.000 6	-0.000 6	-0.000 6	-0.000 5	-0.000 5	-0.000 5	-0.000 5
9	-0.000 5	-0.000 5	-0.000 5	-0.000 5	-0.000 5	-0.000 5	-0.000 5	-0.000 5	-0.000 5	-0.000 5
10	-0.000 5	-0.000 5	-0.000 5	-0.000 5	-0.000 4	-0.000 4	-0.000 4	-0.000 4	-0.000 4	-0.000 4
11	-0.000 4	-0.000 4	-0.000 4	-0.000 4	-0.000 4	-0.000 4	-0.000 4	-0.000 3	-0.000 3	-0.000 3
12	-0.000 3	-0.000 3	-0.000 3	-0.000 3	-0.000 3	-0.000 3	-0.000 3	-0.000 3	-0.000 2	-0.000 2
13	-0.000 2	-0.000 2	-0.000 2	-0.000 2	-0.000 2	-0.000 2	-0.000 2	-0.000 1	-0.000 1	-0.000 1
14	-0.000 1	-0.000 1	-0.000 1	-0.000 1	-0.000 1	-0.000 1	-0.000 1	0.000 0	0.000 0	0.000 0
15	0.000 0	0.000 0	0.000 0	0.000 0	0.000 0	0.000 1	0.000 1	0.000 1	0.000 1	0.000 1
16	0.000 1	0.000 2	0.000 2	0.000 2	0.000 2	0.000 2	0.000 2	0.000 2	0.000 2	0.000 3
17	0.000 3	0.000 3	0.000 3	0.000 3	0.000 3	0.000 4	0.000 4	0.000 4	0.000 4	0.000 4
18	0.000 4	0.000 5	0.000 5	0.000 5	0.000 5	0.000 5	0.000 5	0.000 5	0.000 6	0.000 6
19	0.000 6	0.000 6	0.000 6	0.000 7	0.000 7	0.000 7	0.000 7	0.000 7	0.000 7	0.000 8
20	0.000 8	0.000 8	0.000 8	0.000 8	0.000 8	0.000 9	0.000 9	0.000 9	0.000 9	0.000 9
21	0.001 0	0.001 0	0.001 0	0.001 0	0.001 0	0.001 1	0.001 1	0.001 1	0.001 1	0.001 1
22	0.001 2	0.001 2	0.001 2	0.001 2	0.001 2	0.001 3	0.001 3	0.001 3	0.001 3	0.001 3
23	0.001 4	0.001 4	0.001 4	0.001 4	0.001 4	0.001 5	0.001 5	0.001 5	0.001 5	0.001 6
24	0.001 6	0.001 6	0.001 6	0.001 6	0.001 7	0.001 7	0.001 7	0.001 7	0.001 8	0.001 8
25	0.001 8	0.001 8	0.001 9	0.001 9	0.001 9	0.001 9	0.001 9	0.002 0	0.002 0	0.002 0
26	0.002 0	0.002 1	0.002 1	0.002 1	0.002 1	0.002 2	0.002 2	0.002 2	0.002 2	0.002 3
27	0.002 3	0.002 3	0.002 3	0.002 4	0.002 4	0.002 4	0.002 4	0.002 5	0.002 5	0.002 5
28	0.002 5	0.002 6	0.002 6	0.002 6	0.002 6	0.002 7	0.002 7	0.002 7	0.002 8	0.002 8
29	0.002 8	0.002 8	0.002 9	0.002 9	0.002 9	0.002 9	0.003 0	0.003 0	0.003 0	0.003 0
30	0.003 1	0.003 1	0.003 1	0.003 2	0.003 2	0.003 2	0.003 2	0.003 3	0.003 3	0.003 3
31	0.003 4	0.003 4	0.003 4	0.003 4	0.003 5	0.003 5	0.003 5	0.003 6	0.003 6	0.003 6
32	0.003 6	0.003 7	0.003 7	0.003 7	0.003 8	0.003 8	0.003 8	0.003 9	0.003 9	0.003 9
33	0.004 0	0.004 0	0.004 0	0.004 0	0.004 1	0.004 1	0.004 1	0.004 2	0.004 2	0.004 2
34	0.004 3	0.004 3	0.004 3	0.004 3	0.004 4	0.004 4	0.004 4	0.004 5	0.004 5	0.004 5
35	0.004 6	0.004 6	0.004 6	0.004 7	0.004 7	0.004 7	0.004 8	0.004 8	0.004 8	0.004 9
36	0.004 9	0.004 9	0.005 0	0.005 0	0.005 0	0.005 1	0.005 1	0.005 1	0.005 2	0.005 2
37	0.005 2	0.005 3	0.005 3	0.005 3	0.005 4	0.005 4	0.005 4	0.005 5	0.005 5	0.005 5
38	0.005 6	0.005 6	0.005 6	0.005 7	0.005 7	0.005 7	0.005 8	0.005 8	0.005 8	0.005 9
39	0.005 9	0.005 9	0.006 0	0.006 0	0.006 1	0.006 1	0.006 1	0.006 2	0.006 2	0.006 2

表の見方

4.1℃の場合，縦軸で 4 を，横軸で 0.1 を選択し，縦横で交差した-0.000 6 を補正係数 F とする。

設問の解答

に注意する.
【5.4 (2) 吹出し内を参照, (p. 8)】

■■■■■■■■■ 第1章 ■■■■■■■■■

(1) 調査地点で直接的に地盤の性質を調べる試験のこと.
　　【1. 表-1.1 を参照, (p. 1)】

(2) 乱さない試料とは, 自然にある土の状態や構造をそのまま保っている土であり, 力学試験の供試体などに用いられる.
　　乱した試料とは, 自然にある土の状態や構造がそのままでない土であり, 物理試験や締固め試験などに用いられる.
　　【1. 表-1.3 を参照, (p. 2)】

(3) 砂礫になるとサンプラーを貫入できないため, 地中に凍結管を挿入してまわりの砂礫を凍結させ, 凍結した状態で土全体を引き抜いたり, 回転切削したりする方法で採取する凍結サンプリングが用いられる.
　　【3.1 (1) (b)を参照, (p. 3)】

(4) チューブに入った状態の試料を固定し含水比を変化させないため, シール材で密封する.
　　【3.1 (2) 吹出し内を参照, (p. 3)】

(5) 地表から深いところの土のサンプリングは, 標準貫入試験を行ったとき, SPTサンプラーで採取されたものを利用する.
　　【3.2 (1) (b)を参照, (p. 4)】

(6) ひょう量とは, はかりではかれる最大の質量のこと.
　　【4.1 (2) 吹出し内を参照, (p. 5)】

(7) 試験を1回実施するために必要な量として230g程度が必要となる. 地盤から代表的な試料を採取する際には, 少なくともその4倍程度が必要となる.
　　【5.3 および 表-1.4 を参照, (pp. 7-8)】

(8) 採取したときの含水状態のまま, 土をよく混合し, 試験に必要な量を四分位法により分取する. その分取した試料を均一になるように十分練り合わせ, 目開き425 μmの金属製網ふるい通過試料を試験に用いる.
　　【5.5 図-1.12 を参照, (p. 9)】

(9) 採取した土を四分法による試料の分取によって無作為に必要量を抽出する操作を行い, これによって得られた試料は, 採取位置の土層を代表するとしているため.
　　【5.4 を参照, (p. 8)】

(10) 直射日光を避け, できるだけ風通しのよい場所でシートや大きな容器に薄く敷き広げ, ときどきハンドショベルでかき回すようにする. 所要の含水比になるまで均一に乾燥させる. 大きな塊がある場合は, 手またはときほぐし器具で細かくときほぐしたり, 木づちなどでつぶしながら乾燥させる. 扇風機やドライヤーを利用すると効果的である. また, 急ぐ場合は恒温乾燥炉を50℃以下にして利用してもよい. ただし, 加熱しすぎないことと, むらなく乾燥すること

(11) 自然含水比を保持しなければならない土, 湿潤な粘性土 (特に火山灰質粘性土), 有機質土, 粒子が壊れやすい土など, 乾燥により著しく性質が変化する土に用いる.
　　【5.4 (2) 吹出し内を参照, (p. 8)】

■■■■■■■■■ 第2章 ■■■■■■■■■

(1) 土の含水比 w (%) は, 土の乾燥質量 m_s (g) に対する土中の水の質量 m_w (g) との比を百分率で表したもの.
　　【1.を参照, (p. 11)】

(2) ほぼ室温になるまで冷ます間に大気中の水分を吸収させないため. 中には吸湿材が入っている.
　　【4. ④を参照, (p. 12)】

(3) 炉乾燥炉の温度は(110±5)℃で, 一般には18〜24時間を要する.
　　【4. ③ 吹出し内を参照, (p. 12)】

(4) 関東ローム, 黒ぼく, 泥炭などでは含水比の値が100%を超えることもある.
　　【6. 表-2.3 を参照, (p. 13)】

(5) $(m_a - m_b) \div (m_b - m_c) \times 100$
　　$=(107.28 - 76.25) \div (76.25 - 25.65) \times 100 = 61.3\%$
　　【5. 式(2.2)を参照, (p. 12)】

(6) 土中の水の質量 m_w (g) $\div 100$ (g) $\times 100 = 30$ (%)
　　∴ m_w (g) = 30 (g)
　　【5. 式(2.2)を参照, (p. 12)】

(7) 土の液性限界・塑性限界試験 (落下回数が10〜25回のものが2個, 25〜35回のものが2個得られるように4点以上)【第6章を参照, (pp. 36-42)】や突固めによる土の締固め試験 (最適含水比を挟んで6〜8種類含水比で実施)【第7章を参照, (pp. 43-50)】など

■■■■■■■■■ 第3章 ■■■■■■■■■

(1) 表面張力による水面の盛り上がりをできる限り除くことのできるから.
　　【1. を参照, (p. 15)】

(2) 試料中の気泡を抜くため.
　　【4. (2)を参照, (pp. 16-17)】

(3) 十分に気泡を抜いておかないと土粒子部分の体積を大きく測定することとなり土粒子密度の値 ρ_s が小さく求められることになる.
　　【4. (2)③〜⑥を参照, (p. 17)】

(4) 式(3.3) の分母は土粒子部分と同体積の水の質量を表している.
　　【5. (3) を参照, (p. 19)】

(5) 2.50〜2.75(Mg/m³)
【6. 表-3.2 を参照, (p. 19)】

(6) ①土の状態を表す間隙比 e, 飽和度 S_r を求めるのに用いられる.
②粒度試験において沈降分析の結果から土粒子の粒径 d を計算するのに用いられる.
③締固め試験の整理において, ゼロ空気間隙曲線や飽和度一定曲線を描くのに用いられる.
④圧密試験において体積比 f や間隙比 e を求めるのに必要な土粒子部分の実質高さ H_s の計算に用いられる.
【6. (2) を参照, (p. 19)】

■■■■■■■■■ **第 4 章** ■■■■■■■■■

(1) 調整板を供試体が所定の直径になるように調整することにより, 調整板に沿って削り取れば所定の直径になる.
【3. (3) を参照, (p. 21)】

(2) ①一般に密度が高いことは, 地盤が固くよく締まっていること, 逆に密度が低いことは, 軟弱で緩い地盤であることを示している. また, 密度が極めて小さいことは, 有機物を多く含む極めて軟らかい粘土であることを意味するなど有益な情報となる.
②湿潤密度は土構造物などの設計において, 斜面の安定と土圧計算における土の重量算定, 基礎地盤の支持力と沈下計算における有効土被り圧の算定などに利用される.
③乾燥密度は, 土がよく締め固まったかどうかを示す指標として, 締固め度の判定などに用いられる.
【6. (3) を参照, (p. 24)】

(3) 成形しても完全な円柱形にはならないため, 平均値を使用している.
【4. 吹出し内を参照, (p. 23)】

(4) 含水比 $w = (281.76 - 150.12) \div 150.12 \times 100$
$\qquad = 87.7 \%$
湿潤密度 $\rho_t = [281.76 \div (196.35 \times 10^3)] \times 10^3$
$\qquad = 1.435 \ \text{Mg/m}^3$
乾燥密度 $\rho_d = [150.12 \div (196.35 \times 10^3)] \times 10^3$
$\qquad = 0.765 \ \text{Mg/m}^3$
間隙比 $e = 2.60 \div 0.765 - 1 = 2.40$
飽和度 $S_r = (87.7 \times 2.60) \div (2.40 \times 1.0) = 95.0\%$
【6. (2) を参照, (p. 24)】

■■■■■■■■■ **第 5 章** ■■■■■■■■■

(1) 土粒子の粒径別の含有割合を粒度といい, この分布状態は全質量に対する粒径別の質量分率を用いて表される.
【1. を参照, (p. 26)】

(2) 0.075 mm ふるいに残留した土粒子についてはふるい分析, 0.075 mm ふるいを通過した土粒子については沈降分析.
【1. を参照, (p. 26)】

(3) 浮ひょうを水中に入れるとメニスカス (水面上昇) ができるため, 正しい水面の高さが測定できないため, メニスカスの上端で値を読み取り, 試験結果整理時にメニスカス補正を行う.
【4.2 (1) 吹出し内を参照, (p. 28)】

(4) 75 μm 未満の土粒子は団粒化していることが多いため分散処理が必要となる.
【4.2 (3) 吹出し内を参照, (p. 30)】
分散材としてヘキサメタりん酸ナトリウム溶液, ピロりん酸ナトリウム溶液, トリポリりん酸ナトリウム溶液が用いられる.
【2. 吹出し内を参照, (p. 27)】

(5) I_p が 20 以上のとき, 有機物の影響で団粒化していることが多い. この影響を取り除くために過酸化水素 6% 溶液による処理をする.
【4.2 (3) 吹出し内を参照, (p. 30)】

(6) 均等係数は粒径加積曲線の傾きを表し, 曲率係数は粒径加積曲線のなだらかさを示したものである.
【5.4 を参照, (p. 33)】

(7) ある土の粒度がわかると, その土が砂質土であるか粘性土であるかなど, 地盤材料の工学的分類ができる.
【1. を参照, (p. 26)】
均等係数や曲率係数から, その土が粒径幅の広い土であるか分級された土であるかが判断できる. また, 10%粒径 D_{10} による Hazen(ヘーゼン)の方法や20%粒径 D_{20} による Creager (クレーガー)の方法からおおよその透水係数が推定できる.
【6. を参照, (p. 34)】

■■■■■■■■■ **第 6 章** ■■■■■■■■■

(1) 試験結果は試料の乾燥程度によって異なるため, 空気乾燥しないで試験する方法を用いる.
【3. を参照, (p. 37)】

(2) 黄銅皿の落下回数は 1 秒間に 2 回.
溝の底部の土が約 15 mm 閉じたときの含水比.
【4.1 (2) を参照, (p. 38)】

(3) 横軸 (落下回数) を対数目盛にする.
【5.1 ② を参照, (p. 39)】

(4) 落下回数と含水比の関係をプロットし, これらの測定値に最も適合する直線を流動曲線とよぶ.
【5.1 ③ を参照, (p. 39)】

(5) 液性限界は落下回数が 25 回の時の含水比.
【5.1 ④ を参照, (p. 39)】

(6) 塑性限界とはひも状の土が直径約3mmになったとき，ちょうど切れぎれになる状態の含水比．
【4.2 ⑤ を参照, (p. 39)】

(7) 塑性指数とは細粒土が塑性を示す幅のこと．
【5.3 吹出し内を参照, (p. 40)】

(8) 塑性図から細粒土の分類と力学的性質の推定ができる．
【6. (1)〜(3) を参照, (p. 40)】

■■■■■■■■■■ 第7章 ■■■■■■■■■■

(1) 2.5 kg のランマーで3層に分けて突き固め，ランマーは高さ300 mm から落下させる．
【2. 表-7.1 を参照, (p. 44)】

(2) 1000×10³ mm³
【3. ② を参照, (p. 44)】

(3) 土中の間隙が水で完全飽和して全く空気がない状態を表す曲線．
【6. (3)②を参照, (p. 47)】

(4) 層と層のなじみをよくしてモールド内の試料土を一体化させるため．
【5. ⑤ 吹出し内を参照, (p. 45)】

■■■■■■■■■■ 第8章 ■■■■■■■■■■

(1) クラッシャーラン（割放し砕石）を締め固めて作製した多数の供試体で貫入試験を行い，得られた荷重強さまたは標準荷重を平均して定められた．
【1. を参照, (p. 51)】

(2) 自然含水状態の乱した土を 37.5 mm のふるいで調整し，試料とする．試料を3層に分け，各層67回突き固めて供試体を作製する．
一方，切土路床などで，乱すことにより極端にCBR が小さくなることが経験的に分かっている場合には乱さない試料を用いてもよい．
【3. (1)〜(2) (p. 53), 6. (1) (p. 58) を参照】

(3) 供試体を水浸させることによって，路床や路盤が長時間の雨の浸透などにより最悪の状態に至った場合を想定して貫入試験を行うため．
【4. (1) を参照, (p. 54)】

(4) 舗装の重さによる荷重，自動車荷重などに対応した拘束力を与えるため．
【4. (1) を参照, (p. 54)】

(5) 荷重強さ-貫入量曲線の初期の部分に変曲点があるときに，貫入量の原点を修正する．計測上のエラーによる貫入量の過大評価の影響を考慮するために，修正が必要となる．
【5. (2) を参照, (pp. 56-57)】

■■■■■■■■■■ 第9章 ■■■■■■■■■■

(1) 自然の土中を流れる水の透水係数 k の値は，水温によって変化する水の粘性係数 η の他に，土の種類や間隙の大きさによって様々な値を示す．たとえば，土粒子の粒径が小さい粘性土は水を通しにくいため透水係数 k の値は低く，粒径の大きい砂や礫は水を通しやすいため透水係数 k の値は高くなる．つまり，透水係数 k は土の透水性，つまり土中を流れる水の通しやすさを示す数値である．
【5. (1) を参照, (p. 67)】

(2) 日本産業規格「土の透水係数方法」では，「飽和透水係数」を求める方法が規定されている．断り書き（但し書き）がない限り，透水係数は"飽和透水係数"のことをいう．供試体が不飽和である場合，土中の気泡が水の移動を妨げるため，透水係数は低下する．したがって，正しい透水係数を求めるためには，供試体を脱気させて極力飽和に近い状態で試験を実施する必要がある．
【3.3 (1) 吹出し内を参照, (p. 63)】

(3) 水温の上昇に伴って粘性係数 η（粘度）は低下する．これは土中を水が通りやすいことを意味する．したがって，水温の高低は透水係数の値に大きな影響を及ぼす．
【3.4 表-9.1 を参照, (p. 65)】

(4) 透水係数 $k = 10^{-9}$ (m/s) 未満の土は"実質上不透水"として評価される．
【5. 表-9.2 を参照, (p. 67)】

(5) 次のような工事の際に必要な諸量の計算や課題解決のための資料などとして利用できる．
・井戸からの揚水量の計算
・フィルダム，河川や海岸堤防などの堤体や，これらの基礎地盤からの漏水の程度やその量
・地下水位以下で地盤掘削した場合の排水量や湧水量の計算．また，そのとき遮水が必要かどうかの判断
・斜面の安定に影響する浸透流の検討
・地下水位低下工法を採用する場合の地下水の汲み上げ量の計算
・処分場などの遮水性効果
【5. (2) を参照, (p. 67)】

(6) 動水勾配 i と土中を流れる水の流速 v は，水の流れが層流状態である場合において $v = k \times i$ で表され，両者は比例関係（k：比例定数）にある．これをダルシーの法則という．
【5. (3)を参照, (p. 68)】

■■■■■■■■■■ **第10章** ■■■■■■■■■■

(1) pH とは，水溶液中の水素イオン H^+ の濃度を 1000 mL 中に存在する水素イオンのモル数（モル濃度）$[H^+]$ で求め，以下の式で定義される．

$$pH = \log \frac{1}{[H^+]} = -\log [H^+]$$

【**1.** を参照, (p. 70)】

(2) pH の値は，水溶液の酸性やアルカリ性の程度を判断するのに用いられる．純粋な水は中性なので pH＝7 を示し，水溶液の pH が 7 より大きい場合をアルカリ性，7 より小さい場合を酸性という．

【**1.** を参照, (p. 70)】

(3) pH 標準液として，フタル酸塩，中性りん酸塩，ほう酸塩，炭酸塩が使用される．

【**2. (2)** を参照, (p. 70)】

(4) 試料をビーカーに入れ，試料の乾燥質量に対する水の質量比が 5 になるように水を加え攪拌し懸濁液の状態にする．その後，30 分〜3 時間静置したものを試料液とする．

【**3. (1)** を参照, (p. 70)】

(5) 土の pH が酸性になると，コンクリートの劣化や鋼材の腐食速度を増加させて，構造物の耐久性を低減させる．強い酸性やアルカリ性の場合は，土と接触した水が河川や湖沼に流入すると，生物への影響が懸念される．また，pH が変化することで汚染物質である重金属の溶出特性も変化する．

【**4. (2)** を参照, (p. 73)】

(6) 一般に日本の表層土は，風化が進んだ火山灰土が多いことや，降雨量が多くてカルシウムやマグネシウム等の塩基類が溶脱しやすいことから，pH は中性から弱酸性である場合が多い．

【**4. (1)** を参照, (p. 72)】

(7) 酸性

【**4. (2)** を参照, (p. 73)】

■■■■■■■■■■ **第11章** ■■■■■■■■■■

(1) 土に圧力が加わると土粒子で形成される骨格（土粒子骨格）が縮み，間隙中の水や空気が抜け，間隙の体積が減少し圧縮が生じる．

【**1.** を参照, (p. 75)】

(2) 「圧密」は，主に飽和した粘性土を対象にしている．
「締固め」とは，機械的な繰返しの力で間隙中の空気を追い出し密度を高めることを言う．これに対して「圧密」は，一定の外力によって長時間かかって間隙中の水を追い出して圧縮することを言う．

【**1.** (p. 75)，および**第 7 章「土の締固め試験」**を参照，】

(3) 沈下時間（圧密が終了，あるいは所定の圧密度に達するまでに必要となる時間）の予測計算．

【**1.** を参照, (p. 75)】

(4) $\sqrt{t}$ 法
曲線定規法

【**5.2** を参照, (p. 78)】

(5) $e = f - 1$

【**5.6** を参照, (p. 81)】

(6) **5.7 圧密降伏応力の決定方法**（キャサグランデ法，三笠法）の内容にしたがって求める．
なお，圧密降伏応力は，土が弾性的な挙動を示す過圧密領域から塑性的な挙動を示す正規圧密領域へと移行する境界の応力を意味している．

【**5.7** を参照, (p. 82)】

(7) 圧密度 $U = S_t / S \times 100$ (%)
$= 0.64 / 1.6 \times 100 = 40\%$
時間係数 T_v は，**6.2** の時間係数 T_v〜圧密度 U の図および表を読み取ると，$T_v = 0.126$

【**6.2** を参照, (p. 83)】

■■■■■■■■■■ **第12章** ■■■■■■■■■■

(1) 試験で求められた c, ϕ は次のような実用計算に利用されている．
・擁壁などの土留め構造物に作用する土圧の計算やその安定性
・盛土や切土の人工斜面の安定計算，あるいは自然斜面や地すべりに対する安定計算
・軟弱地盤上に造成する盛土や構造物基礎の破壊に対する安定計算
・構造物の基礎や杭の支持力計算

【**6.4** を参照, (pp. 94-95)】

(2) 圧密定体積一面せん断試験は，せん断箱内で，一次元圧密をした土の体積を一定に保った状態で，垂直力を加える方向と直交する一つの面でせん断する方法をいい，そのときの最大せん断応力を定体積せん断強さという．

【**1.** を参照, (p. 86)】

(3) 圧密定圧一面せん断試験は，せん断箱内で，一次元圧密をした土の垂直応力を一定に保った状態で，垂直力を加える方向と直交する一つの面でせん断する方法をいい，そのときの最大せん断応力を定圧せん断強さという．

【**1.** を参照, (p. 86)】

(4) 間隙比も同時にプロットすることで，均一性のある供試体の結果から c, ϕ を決めているか否かの判断のための資料となる．そのため，定体積試験では，圧密前および圧密後の間隙比を圧密応力 σ_c に対してプロットする，また，定圧試験では，圧密前，圧密後およびせん断応力最大時の間隙比を圧密応力 σ_c に対してプロットする．

【**6.2 (1)(2)** を参照, (p. 93)】

(5) 非圧密非排水(UU)試験から求めた c_u, ϕ_u を用いるのがよい.
【**6.1** を参照, (p. 92)】

■■■■■■■■■■ **第13章** ■■■■■■■■■■

(1) 例えば, 直径50 mm, 高さ100 mm の供試体の場合には, 1分間あたり1 mm (= "初期高さ; 100 mm" × "毎分1%の圧縮ひずみ") の圧縮速度で一軸圧縮試験を行えばよい.
【**4.** ③を参照, (p. 98)】

(2) 次の3条件 (①～③) のうち, いずれか一つの状態に至ったときに圧縮を終了すればよい.
①圧縮力が最大となってから, 引き続きひずみが2%以上生じた場合
②圧縮力が最大値の2/3程度に減少した場合
③圧縮ひずみが15%に達した場合
【**4.** ⑤および**図-13.4** を参照, (p. 98)】

(3) 変曲点が生じる原因としては,
①供試体上端面と上部加圧板との密着が不十分であった.
②供試体端面に凹凸がある.
③試験機の梁と支柱が堅固に取り付けられていない.
④供試体の一部に弱い部分がある.
などが考えられる.
【**5. (2)** を参照, (p. 99)】

(4) ①応力 - ひずみ曲線を, 圧縮応力 σ を縦軸に, 圧縮ひずみ ε を横軸にとって図示する.
②圧縮ひずみが15%に達するまでの圧縮応力の最大値を応力 - ひずみ曲線から求め, この値を一軸圧縮強さ q_u として求める.
【**5. (2)**①～② を参照, (p. 99)】

(5) 飽和粘性土では, 一つの試料に対して, 拘束圧を変えて UU 条件の三軸圧縮試験をいくつか行うと, 全応力に関するモールの破壊応力円の包絡線は水平になる ($\phi_u = 0°$). このように, UU 条件でのせん断強さは, 側方応力の大きさにかかわらず一定になり, 一つのパラメーターで表される. このとき, $q_u/2$ は c_u に等しいので, UU 条件で設計できる問題, すなわち短期安定問題に対して, $q_u/2$ を原地盤の非排水せん断強さ c_u として利用できる.
【**6. (1)** を参照, (p. 100)】

(6) 鋭敏比は, 杭打ちや工事中の地盤の乱れによって, 土の強さがどの程度低下するかの目安となるものである.
【**6. (2)** を参照, (p. 100)】

■■■■■■■■■■ **第14章** ■■■■■■■■■■

(1) ・非圧密非排水 (UU) 試験
非排水状態のせん断強さの推定 (透水性の小さな地盤 (粘性土地盤) において排水が生じないような急速載荷 (除荷) されるような場合) に用いる.

・圧密非排水 (CU) 試験
粘性土地盤を圧密させてからの短期安定問題, 強度増加率 (c_u/p) の推定に用いる.
・圧密非排水 ($\overline{CU}$) 試験
有効応力に基づく強度定数を有効応力解析に用いる.
・圧密排水 (CD) 試験
砂質土地盤の安定問題, 盛土の緩速施工 (地盤内に過剰間隙水圧が生じないような載荷), 粘性土地盤掘削時の長期安定問題に用いる.
【**1. 表-14.1** を参照, (p. 103)】

(2) 三軸圧縮試験は, 一軸圧縮試験と異なり, 実際の地盤内の応力を再現するために側圧を与える. 側圧を与える方法は, 作製した供試体をゴムスリーブで覆い, セル内の水圧を増加させる.
【**3.** を参照, (p. 104)】

(3) 圧密排水試験では, せん断中の体積変化を測定するため, 排水バルブは開放する. 供試体の間隙水の吸排水量は, ビュレットの水位の変化によって測定する.
【**3.** ②を参照, (p. 105)】

(4) 圧密非排水 ($\overline{CU}$) 試験, 圧密排水 (CD) 試験の場合は, 3. ④～⑤の手順を用いて求める.
ただし, 圧密非排水 (CU) 試験は, 3.④～⑤の手順は適用できない.
【**3.** ④～⑤を参照, (p. 105)】

■■■■■■■■■■ **第15章** ■■■■■■■■■■

(1) 150 mm
【**3.** ⑤を参照, (p. 109)】

(2) (760 ± 10) mm
【**3.** ⑥を参照, (p. 110)】

(3) ロッド荷重だけで貫入 (ロッド自沈) する場合は, その貫入量を計測し, ロッドが止まった場合は, ハンマーを静かにセットし, ハンマーによる貫入 (ハンマー自沈) する量を計測し記録する. なお, ロッド自沈およびハンマー自沈による貫入量が150 mm を超えた場合は予備打ちを行わない. 自沈による貫入量が450 mm に達したときは本打ちを行わない.
【**3.** ⑤～⑦を参照, (pp. 109-110)】

(4) 所定の打撃回数で貫入量が300 mm に達しない場合, 打撃回数に対する貫入量を記録する (すなわち50回打撃した際の貫入量を記録する).
【**3.**⑦を参照, (p. 110)】

(5) 砂質土は, せん断抵抗角
粘性土は, 一軸圧縮強さ
【**6. (1)(2)**を参照, (pp. 112-113)】

(1) 原位置における土の硬軟, 締まり具合を判定するために実施する静的な貫入試験.
　　【**1.** を参照, (p. 115)】

(2) 80 mm/s
　　【**3.1** ⑨を参照, (p. 117)】

(3) スクリューウエイト貫入試験は, 試料採取が出来ないため目視による土質判別をすることが出来ない. しかし, やむを得ず, ロッド貫入時の観察記録 (貫入速さや貫入音) や試験結果に基づいて土質の推定 (地層判別) が行われることも多い.
　　【**4.** を参照, (p. 118)】

(4) 回転を止め, 1000 N で自沈するかを確認する.
　　【**3.1** ⑧を参照, (p. 117)】

(5) 静的貫入最小荷重 ; $W_{sw}=1000$ N
　　貫入量 ; $L = 0.25$ m
　　貫入量 L に要した測定半回転数 ; $N_a=12$ より

$$N_{sw}= N_a \diagup L=12 \diagup 0.25=48$$

稲田の提案式による砂質土の推定 N 値 (慣例的に"換算 N 値"という) は,

$$N=0.002\, W_{sw} + 0.067\, N_{sw}$$
$$=0.002\times1000 + 0.067\times48 \fallingdotseq 5.2$$

　　【**5. (2)** (P.119) および **7. (1)** (p. 120) を参照】

(6) 国土交)通省告示第 1113 号第 2 (三) 項では, N_{sw} から地盤の長期許容支持力を求めると,

$$q_a=30 + 0.6\, N_{sw}$$
$$=30 + 0.6\times48 = 58.8 \text{ kN/m}^2$$

　　【**7. (3)** を参照, (p. 121)】

土木学会　地盤工学委員会の本

書　名	発行年月	版型：頁数	本体価格
火山とつきあう　Q&A99	平成13年12月	A5：371	
土質試験のてびき［改訂版］	平成15年2月	A4：167	
知っておきたい斜面のはなしQ&A　－斜面と暮らす－	平成17年11月	B5：291	
火山工学入門	平成21年7月	A5：261	
家族を守る斜面の知識－あなたの家は大丈夫？－	平成21年10月	B6：162	
※ 火山工学入門　応用編	平成26年11月	A5：179	2,000
土質試験のてびき［第三版］	平成27年2月	A4：193	
※ 実験で学ぶ　土砂災害	平成27年3月	B5：80	1,700
※ 知っておきたい斜面のはなしQ&A②　－斜面の災害に備える－	令和4年1月	B5：171	1,200
※ 土質試験のてびき［第四版］	令和6年2月	A4：148	1,450

※は、土木学会および丸善出版にて販売中です。価格には別途消費税が加算されます。

未来をつくる

わたしたちから
次の世代へ
快適な生活と
安心な営みのために
社会インフラというバトンを
未来に渡し続ける

JSCE 公益社団法人 土木學會
Japan Society of Civil Engineers

データシートについて

データシートは，公益社団法人地盤工学会のホームページ（https://jiban.or.jp/）から
ダウンロードできます．

①トップページから「データシート」で検索してください．

データシート	検索

②『土質試験用・地盤調査用データシート』を選択して，必要なシートをダウンロ
ードしてください．

定価 1,595 円（本体 1,450 円＋税 10%）

土質試験のてびき ［第四版］

平成 4 年 2 月 29 日　　第 1 版・第 1 刷発行
平成 15 年 2 月 10 日　　改訂版・第 1 刷発行
平成 27 年 2 月 10 日　　第三版・第 1 刷発行
令和 3 年 1 月 22 日　　第三版・第 2 刷発行
令和 6 年 2 月 29 日　　第四版・第 1 刷発行

編集者……公益社団法人　土木学会　地盤工学委員会
　　　　　土質試験のてびき改訂小委員会
　　　　　委員長　豊田　浩史
発行者……公益社団法人　土木学会　専務理事　三輪　準二

発行所……公益社団法人　土木学会
　　　　　〒160 0004　東京都新宿区四谷一丁目無番地
　　　　　TEL　03-3355-3444　FAX　03-5379-2769
　　　　　https://www.jsce.or.jp/
発売所……丸善出版株式会社
　　　　　〒101-0051　東京都千代田区神田神保町 2-17　神田神保町ビル
　　　　　TEL　03-3512-3256　FAX　03-3512-3270

©JSCE2024／Committee of Geotechnical Engineering
ISBN978-4-8106-1066-6
印刷・製本：昭和情報プロセス（株）　用紙：京橋紙業（株）
写真提供：（株）エー・アンド・デイ

本書に使用されている主な量記号とその単位

量記号	単位	名称	量記号	単位	名称
＜共通＞			V_s	mm³	土の土粒子部分の体積
A, a	mm²	断面積	V_v	mm³	土の間隙部分の体積
C		定数	V_w	mm³	土中の水の体積
D, d	mm	直径	w	%	含水比
g	m/s²	重力加速度	w_n	%	自然含水比
H	mm	高さ	w_L	%	液性限界
L, l	mm	長さ，高さ	w_p	%	塑性限界
m	g	質量	w_s	%	収縮限界
T	°C	温度	ρ_d	Mg/m³	乾燥密度
t	s, min, h	時間	ρ_s	Mg/m³	土粒子の密度
V	mm³	体積，容積	ρ_t	Mg/m³	湿潤密度
v	m/s	速さ，流速	ρ_w	Mg/m³	水の密度
W	N, kN	重量	**＜力学的特性＞**		
η	Pa・s	水の粘性係数	B		間隙圧係数
π		円周率	C_c		圧縮指数
ρ	Mg/m³	密度	c_v	m²/s	圧密係数
＜物理的性質＞			c	kN/m²	粘着力
A		活性度	c'	kN/m²	有効応力表示による粘着力
D	mm	粒径，内径	c_{cu}	kN/m²	圧密非排水せん断試験から求められる粘着力
D_{10}	mm	10% 粒径（有効径）			
D_{20}	mm	20% 粒径	c_d	kN/m²	圧密排水せん断試験から求められる粘着力
D_{30}	mm	30% 粒径			
D_{50}	mm	50% 粒径（平均粒径）	c_u	kN/m²	非圧密非排水せん断試験から求められる粘着力，非排水せん断強さ
D_{60}	mm	60% 粒径			
d	mm	粒径			
e		間隙比	D	mm	せん断変位
I_c		コンシステンシー指数	D_c	%	締固め度
I_L		液性指数	E_{50}	MN/m²	変形係数
I_P		塑性指数	f		体積比
m_a	g	（試料＋容器）の質量	H	mm, m	高さ，層厚
m_b	g	（炉乾燥試料＋容器)の質量	H'	mm, m	排水距離
m_c	g	容器の質量	H_c	mm	圧密後の供試体の高さ
m_f	g	ピクノメーターの質量	H_s	mm	実質高さ（土粒子部分の高さ）
m_s	g	炉乾燥試料の質量			
m_w	g	土中の水の質量	ΔH	mm	圧密量，軸変位量
n	%	間隙率	h	mm	水位差
P	%	通過質量分率	Δh	mm	垂直変位量
S_r	%	飽和度	i		動水勾配
S_t		鋭敏比	k	m/s	透水係数
U_c		均等係数	m_v	m²/kN	体積圧縮係数
U_c'		曲率係数	P	N, kN	軸圧縮力，垂直力
V_a	mm³	土の気体部分の体積	p	kN/m²	圧密圧力
			p_c	kN/m²	圧密降伏応力

量記号	単位	名称	量記号	単位	名称
Δp	kN/m^2	圧密圧力の増分，増加圧力	$\rho_{d\,sat}$	Mg/m^3	ゼロ空気間隙状態の乾燥密度
Q	mm^3	透水量	σ	kN/m^2	垂直応力
q_u	kN/m^2	乱さない土の一軸圧縮強さ	σ_1	kN/m^2	最大主応力
q_{ur}	kN/m^2	繰り返した土の一軸圧縮強さ	σ_3	kN/m^2	最小主応力
r		一次圧密比	σ_1'	kN/m^2	有効応力表示による最大主応力
r_e		供試体の膨張比	σ_3'	kN/m^2	有効応力表示による最小主応力
S	mm	圧密沈下量			
s	kN/m^2	せん断強さ	τ	kN/m^2	せん断応力
T_v		時間係数	τ_f	kN/m^2	最大せん断応力
U	%	圧密度	ϕ	°	内部摩擦角
u_b	kN/m^2	背圧	ϕ'	°	有効応力表示による内部摩擦角
u	kN/m^2	間隙水圧			
Δu	kN/m^2	間隙水圧の変化量	ϕ_{cu}	°	圧密非排水せん断試験から求められる内部摩擦角
ΔV	mm^3	排水量			
w_{opt}	%	最適含水比	ϕ_d	°	圧密排水せん断試験から求められる内部摩擦角
ε	%	軸ひずみ			
$\rho_{d\,max}$	Mg/m^3	最大乾燥密度	ϕ_u	°	非圧密非排水せん断試験から求められる内部摩擦角

—— 本書の量記号に使用されているギリシャ文字の呼び方 ——

α （アルファ）　　γ （ガンマ）　　Δ, δ （デルタ）　　ε （エプシロン）　　η （イータ）　　μ （ミュー）

π （パイ）　　ρ （ロー）　　σ （シグマ）　　τ （タウ）　　ϕ （ファイ）

—— 重力単位と SI 単位との対照 ——

	長さ	質量	力，重量	応力	圧力	仕事
重力単位	m	kg	kgf	kgf/cm^2	kgf/cm^2	kgf·m
SI 単位	m	kg	N	Pa, N/m^2	Pa	J

注）重力単位では，これまで質量と重量を区別せず用いていたが，両者は本質的に異なるため，質量 1 kg の物体の重量を表すのに f をつけて 1 kgf としている．

—— 土質試験に関連した主な重力単位と SI 単位 ——

—— SI 単位 ——

基本単位

量	単位記号
長さ	m （メートル）
質量	kg （キログラム）
時間	s （秒）

基本単位

量	単位記号
力	N （ニュートン）
圧力，応力	Pa （パスカル）
仕事	J （ジュール）

—— 量記号を表すのに用いられる 10 の整数乗倍を表す接頭語 ——

単位に乗じる倍数	接頭語記号 （呼び方）
10^6	M （メガ）
10^3	k （キロ）
10^{-2}	c （センチ）
10^{-3}	m （ミリ）
10^{-6}	μ （マイクロ）

—— 重力単位から SI 単位への換算 ——

力，重量 1 kgf = 9.81 N
応　力 1 kgf/cm^2 = 98.1 kN/m^2 = 98.1 kPa
圧　力 1 kgf/cm^2 = 98.1 kPa
仕　事 1 kgf·m = 9.81 N·m = 9.81 J

（ 例：1000 g = 1×10^3 g = 1 kg
　　0.01 m = 1×10^{-2} m = 10 mm ）

（標準の重力加速度は，g = 9.80665 m/s^2 であるが，ここでは g = 9.81 m/s^2 とした.）